KB235135

IMAGE
나만의 이미지 만들기

셀프업 13

IMAGE
나만의 이미지 만들기

백인선 지음

본 저서는 2007년 중앙대학교 신진우수연구자 지원비에 의한 것임.

●● 목 차 ●●

　이미지 메이킹이란 궁극적으로 당신이 바람직한 상을 정해 놓고, 그 이미지를 현실화하기 위해 당신의 잠재능력을 최대한 발휘하여 당신이 될 수 있는 가장 훌륭한 모습으로 만들어 가는 의도적인 변화 과정(intentional change process)이다. 그러기 때문에 이미지 메이킹은 자기 성장과 자기 혁신을 목표로 하는 이들의 평생 숙제이기도 하다.

　세련된 자기 연출과 이미지 관리가 인간관계와 모든 분야의 기본이 되면서 현대사회에서 그 중요성이 강조되고, 이러한 분위기 속에서 자신이 갖고 있는 이미지를 최대한 효과적으로 보이기 위해 이미지 메이킹이 각광받는 실용 학문처럼 되었고 관련 책도 많이 저술되고 있다.

　본 저서도 마찬가지로 자신의 이미지를 높이기 위한 이미지 메이킹의 자료로 시각의 이미지를 높이는 자료의 내용이 주를 이루고 있지만, 이미지 메이킹의 진정한 의미는 자기 자신을 잘 살펴 '하나뿐인 나만의 이미지 메이킹'을 만드는 것이라고 생각한다.

결국 어떤 이미지를 만드는 것은 자신의 결정이다. 이를 위해 가져야 할 것이 '자기를 잘 알기'이다. **즉 자기 자신에 대해 자신감을 갖는 것**이라고 다시 한 번 강조하고 싶다.

지금 이 순간 당신의 이미지에 대한 개인적인 비전을 갖고 그 이미지가 되어 가기로 결심하면서, 그 이미지를 향해 힘찬 첫걸음을 내딛기를 기대해 본다.

본 책은 사회생활을 시작해야 하는 대학생들의 교양수업을 가르치며 모아둔 자료를 하나의 책으로 엮은 것이다. 하나의 책으로 엮기에는 내용이 많이 부족하지만, 하나의 실용서로서 자신이 더 좋은 이미지를 만들기 위한 '자신의 가치창출'에 도움이 되고자 하는 바람이다.

제1부

이미지 메이킹

인류의 역사를 통해 사람들은 항상 타인의 눈에 비치는 자신의 모습을 알아내고, 향상시키기 위해 노력해 왔다. 개개인마다 인물, 체격, 음성도 다르고, 종교, 취미, 기호 또한 각양각색이다. 이 모든 것들이 결합되어 다른 사람들 눈에 보이는 이미지를 형성하게 되고 이렇게 각인된 이미지는 쉽게 바뀌지 않는다.

21세기는 매스미디어의 발달로 상대를 인식하는 데 있어 시각적인 이미지가 매우 중요해지고, 목소리나 행동 하나하나가 개인의 이미지, 즉 첫인상에 큰 영향을 주고 있음을 알 수 있다. 따라서 현대인에게 자신의 이미지를 만드는 것은 자기 자신을 끊임없이 개발하고 양적·질적인 자기 성장을 이루도록 노력하는 일이다. 이러한 노력의 필수 요소인 이미지 메이킹은 성공적인 자기 개발의 첫걸음이라 할 수 있겠다.

1. 이미지의 정의

1) 이미지의 개념

이미지란 어떤 대상으로부터 감지된 느낌이 사람의 마음 속에서 하나의 형상으로 떠오르는 것이라 할 수 있다. 사람은 상대방을 인식하는 도구로서 '이미지'라는 개념을 사용한다. 이는 사람의 가치체계에서 이미지라는 개념은 심리적, 역사적, 문화적으로 우리의 삶 속에서 이루어진 하나의 상대방을 인식하는 방식이라 쉽게 바꿀 수 없다.

평소에 내가 잘 알고 지내는 사람의 모습을 떠올려 보자. 그 사람을 생각하면 머릿속에 선명하게 떠오르는 영상이 있을 것이다. 얼굴의 생김새나 표정, 음성, 말씨, 옷차림, 대화를 할 때의 특이한 동작, 걸음걸이, 좋아하는 취향, 태도, 능력 등 이러한 것들을 모으면 하나의 형체, 즉 이미지가 만들어진다. 이렇게 우리 나름대로의 사고에 따라 편집되어 만들어진 타인에 대한 느낌이나 생각이 바로 그 사람의 이미지이다. 즉 그 사람에 대한 생각의 덩어리, 특유한 감정, 고유한 느낌, 이것이 바로 그 사람의 '이미지'인 것이다. 따라서 자신이 원하는 이미지를 되살려 내고, 재창조하는 것은 본인, 자신의 몫이다.

이미지는 사람 개개인에 따라 다르므로 서로 일치된 견해를 얻는 것은 어려운 문제라고 할 수 있다. 그러나 이미지를 어느 대상에 대한 평가로 연결하여 몇 가지의 방법으로 파악할 수 있다. 그것들을 정리하면 다음과 같다.

① 이미지는 인간과 사물 등이 안고 있는 정서성을 포함한 주관적인 평가이다(예: 좋다↔나쁘다).

② 이미지는 대상 그 자체를 나타내는 말과 대상의 상징이 되는 것 등에 따라서 상기되는 관념이나 사물의 총체이다.

(예: 경상도 경주 하면 무엇이 떠오르는가 등).

③ 이미지는 대상이 되는 여러 가지 특성 및 그들에 관한 정조에 따라 결정되는 것이기 때문에 어느 시대, 어느 사회의 일원과 공통성이 높은 것이다.

(예: 관광은 정보의 영향이 특히 크다 등).

④ 이미지는 개인의 내적인 정신 작용의 산물로서 있기 때문에 본질적으로 개별성, 독자성이 있는 것이다.

(어떤 느낌이 드는가는 개개인의 자유이다).

⑤ 형성된 이미지는 행동경향을 어느 정도 규정하는 역할을 하고 특히 정보를 받아들이는 경우 좋은 이미지를 안고 있는 대상에 대해서는 접근하려고 들며, 자신이 선호하고 있는 것을 지지하는 정보에는 관심이 높다.

⑥ 이미지는 '학습(경험)'과 '정보'에 따라 변화하는 것이다.

2) 이미지의 유형

이미지의 개념은 매우 다면적이고 주관적이므로 이미지

의 유형도 매우 다양하다. "사람을 겉으로만 판단하면 안
된다."라는 말 속에는 사물에도 다양한 이미지가 존재함을
보여 준다. 즉 외면으로 나타나는 이미지뿐만 아니라, 내면
에서 나오는 이미지가 있으므로 하나의 자신만의 이미지를
만들기 위해서는 외적·내적 이미지를 모두 끌어올릴 수
있어야 한다.

이러한 이미지의 유형에 대해 살펴보면 다음과 같다.

① 실제적 자기 이미지(actual self-image)
어떤 사람이 현재의 자기 자신에 대하여 갖고 있는 이미
지로서 객관적 실체와는 다를 수 있다. 예를 들어 실제로
마른 사람이 자신을 너무 뚱뚱하다고 판단하는 것을 말한다.

② 이상적 자기 이미지(ideal self-image)
자신이 되고 싶어 하는 모습을 말한다. 사람들은 실제적
으로 자신의 이미지보다 되고 싶어 하는 이상적 자기 이미
지에 더 가깝게 자신을 표현하려고 한다.

③ 면경자기(looking-glass self)
자신이 속해 있는 준거집단을 거울로 삼아 자신을 객관
적 입장에서 이해하고자 하는 것을 말한다.

④ 상황적 자기 이미지(situational self-image)

개인이 특수한 상황에서 다른 사람이 자신에 대해 가져주기를 바라는 이미지를 말한다.

2. 이미지 메이킹의 중요성 및 목표

이미지 메이킹이란 '이미지를 만든다.'는 용어 자체의 의미에서 알 수 있듯이 개개인이 가지고 있는 내적 요소와 외적 요소를 통합하여 추구하는 목적에 맞게 '~다운 이미지'를 만든다는 의미이다.

'다른 사람들은 나를 어떻게 볼까?'는 우리 모두의 관심사이다. 다른 사람들이 나의 이미지에 기대하는 역할 때문에 나의 말과 행동은 제약을 받게 되고, 그렇게 하다 보면 나 자신의 모습도 변화된다. 나의 이미지를 다른 사람들의 주관적 사고가 아닌 내가 타인에게 보이고 싶은 대로 나의 장점은 부각시키고, 보이고 싶지 않은 부분들을 밑바닥 깊숙이 묻어 두고자 하는 욕구의 표현이 이미지 메이킹이다. 이때 **이미지를 만든다는 의미는 상황에 맞게 최적의 이미지를 만드는 것을 목표로 한다.**

이렇게 현대인에게 이미지 메이킹의 중요성을 알리는 표현은 다음과 같다.

1) 외모와 인상형성

미국의 심리학자인 Allport는 30초면 사람의 첫인상이 결정된다고 하였고, Hodges는 좋은 인상을 바꾸기는 쉽지만, 나쁜 인상을 바꾸기는 어렵다고 하였다. 일반적으로 사람들은 만난지 3~5초 만에 호감·비호감을 판단한다. 이는 뇌의 초두효과에 따라 첫인상이 나중에도 강력한 영향을 미치므로, 개인 이미지 관리(PI, Personal Identity)는 현대사회에서 곧 '경쟁력'으로 표현된다고 할 수 있다.

① 인상정보의 추론

소수의 피상적인 인상정보를 바탕으로 다수의 미확인 정보들을 추리해 내고 이들을 통합하여 전반적인 인상형성에 영향을 미치는 사회인지적 요인은 다음과 같다.

- 도식(schema): 어떤 대상이나 개념에 관한 조직화되고 구조화된 신념

- 고정관념(stero type): 어떤 집단이나 사회적 범주 구성원들의 전형적 특성에 관한 신념

- 후광효과(halo effect): 타인을 내적으로 일관되게 평가하려는 경향

예) 입사 지원자의 단정한 외모가 다른 모든 특성을 긍정적으로 평가하게 만드는 경우

- 대비효과(contrast effect): 신체적으로 매력이 있는 사람과 함께 있을 때, 그 사람과 비교됨으로써 발생되는 상대적인 불이익

- 발산효과(radiation effect): 신체적으로 매력이 있는 사람과 함께 있을 때 자신의 주가도 함께 올라가는 현상으로, 후광효과와 유사하나 신체적 매력으로 제한을 둠

* 친구관계일 경우 매력이 있는 사람과 함께 있으면 발산효과가 더 높게 나타나지만, 낯선 관계일 경우는 매력적인 사람과 함께 있으면 대비효과가 더 크다(커니스와 휠러의 실험, 1981).

- 귀인(attribution): 사람들이 행동과 같이 겉으로 일어난 반응을 보고 그렇게 행동하는 이유에 대한 행동의 원인을 찾아 인과적 설명에 이르게 되는 과정

예) 어떤 남성이 머리를 길게 파마하고 짙은 화장을 했다면 보통 사람들은 자신의 고정관념이나 경험 등에 의해 그 사람의 외모나 행동에 대해 판단하려고 하는 경향

- 범주화(categorization): 우리 사회에는 N세대, Y세대, 보보스 등 특정 영역으로 범주화된 각 분야의 원형이 존재해, 한 무리로 범주화하려는 경향

- 긍정성 편향: 타인을 대체로 좋게 평가하는 경향

- 부정성 효과: 인상형성시 긍정적 특성보다는 부정적 특성이 더 큰 영향을 미침

예) 연예인들의 마약 복용 등

- Gestalt 심리학의 영향: 사람들은 능동적인 지각자로서 각 정보를 분리된 채로 고려하기보다는 전체로서 조직화된 인상을 얻으려고 함

- 내현성격이론: 성격 특성들 간의 관련성에 관한 개인의 신념으로 보이지 않는 성격을 판단하는 틀로 이용됨

- Anderson(1968)의 가중평균모형: 사람들이 각 인상정보들의 호오도(좋고, 싫음의 정도)를 평균하여 전반적인 인상을 갖게 되나, 중요하다고 판단되는 정보에 더 많은 비중을 두고 인상형성. 정보의 호오도와 중요도를 동시 고려해야 함

- Asch(1946): 한 특성의 의미는 그것이 놓이는 맥락에 따라 변화. 중심 특성이 인상형성에 상대적으로 더 큰 영향

* 중심 특성: 다른 특성들과 강하게 연합되어 있어서 다른 특성들보다 더 큰 의미를 가지는 특성

- 초두효과(primacy effect): 심리학에서 말하는 '초두효과 (primacy effect)'란 어떤 사람을 만났을 때 처음에 받은 느

낌과 그의 첫마디에 대한 정보가 후에 알게 된 정보보다 훨씬 중요하게 다루어지는 현상을 말한다. 한마디로 상대방이 접근하기 쉬워 보이게 마음을 여는 것, 상대방에게 관심을 기울이는 것, 대화에서 다양한 화제를 꺼내는 것, 자신을 적극적으로 공개하는 것, 상대방과 균형 있게 대화하는 것, 긍정적인 관점을 유지하는 것, 자신만의 매력을 표현하는 것이 중요하다.

'첫인상이 마지막 인상'이라고 한다. 모든 것을 보여 줄 수 없다면 첫인상에 집중하는 것이 세상과 소통하는 첫걸음이기도 하다.

3. 성공적인 이미지 메이킹의 방법

1) 성공을 위한 이미지 메이킹 전략

이미지 메이킹은 앞에서도 언급했듯이, 자신의 이미지를 상대방 또는 일반인에게 각인시키는 일로 특히 정치인이나 연예인 등은 대중의 지지와 인기에 기반을 두고 존재한다는 점에서 자신의 이미지를 어떻게 만드는지가 중요하다. 대중은 또 그에 걸맞은 이미지를 기대한다. 대중을 일일이 만나지 못하는 그들은 이미지 마케팅 업체에서 철저한 준비를 거쳐 만들어 연출한다.

성공적인 이미지 메이킹을 하기 위해서는 우선 연륜과 성품이 배어나는 얼굴표정, 강렬한 눈빛, 자신감 있는 제스처와 당당한 태도, 외모에서 풍기는 이미지, 일을 맡길 만하다는 신뢰감 등으로 요약할 수 있다. 시각적으로 보이는 외적 이미지와 내적 이미지 그 외에 표정이나 제스처, 말하는 화법 등이 인간관계 속에서 자신의 이미지를 만드는 데 중요한 역할을 한다.

일례로 어느 회사에서 직원을 뽑기 위해 최종 인터뷰를 담당한 면접관의 이야기를 들어 보면, "후보자 선별 시 어떤 면을 가장 중요하게 보느냐"고 질문했더니,

"첫째, 프레전스(Presence)

둘째, 모티베이션(Motivation)

셋째, 긍정적인 사고(Positive Thinking)"라고 답변했다.

또 한 예를 들면, 세계적인 패션 브랜드 ㅍ사가 새로 시작하는 의류와 액세서리를 총괄할 뷰티크 매니저를 구할 때의 일이다.

회사 측에서는 최고급 브랜드인 자사의 이미지에 어울리고 고급스러운 분위기를 가진 영어가 완벽한 사람을 원했다. 백화점에서 수입 브랜드 머천다이저로 일하던 ㄱ 씨를 추천했는데 상냥하면서도 맡은 일을 완벽하게 소화해 낼 수 있는 힘이 느껴지는 후보자였다. 입사하기까지 6번의 인터뷰 등 힘든 테스트 과정이었지만 그녀는 매번 성실하고 진지하게 임했다. 인터뷰 때면 반드시 ㅍ사의 옷과 액세서리를 착용하여 회사의 이미지와 자신의 이미지가 조화되도록 연출했다. 그녀는 대화 시 간간이 여유를 보이는 미소가 함께하는 언어 표현법, 세련된 식사 매너, 신뢰감을 줄 수 있는 당당한 어깨와 반듯한 행동으로 결국 높은 점수를 받았다. 거의 1년 6개월 만에 인재를 구해 온 ㅍ사는 "그녀가 바로 우리가 찾던 이미지의 그 사람이다."라고 흡족해하며 좋은 조건으로 채용했다.

과일 가게에 사과를 사러 갔는데 잘 닦여 반짝반짝 붉은 빛을 띠는 사과와 흠집이 있고 먼지까지 뒤집어쓴 사과가 있다면 당신은 어느 것을 집어 들겠는가. 아무리 속살이 맛있는 사과라 할지라도 먹어 보기 전까지는 사과의 맛에 대해 말할 수 없다. 하지만 일단 겉모양이 맛있게 보여야 선택의 기회가 주어진다는 사실을 부정할 사람은 아무도 없을 것이다. 실력이 있어도 외부로 상품가치를 멋지게 드러내지 못하면 좋은 기회를 잡기 어려운 것은 자명하다. 대부분의 사람들은 '실력이 있으면 그만이지 무슨 외모나 모양새가 중요하냐.'라고 생각하기 쉽다. 그러나 상품도 외부로 보이는 디자인과 포장에 따라 인기를 가늠하듯 개인의 가치를 제대로 인정받고 정당한 몸값을 받고자 한다면 외모나 이미지도 간과해서는 안 된다.

2) 이미지 메이킹의 순서

좋은 이미지를 만들기 위해서는 아래의 순서대로 본인의 이미지를 업그레이드시킨다.

첫 번째 단계인 내적 이미지 증진은 '외형은 내부를 비추는 거울'이라는 모토로 자신의 본모습을 바라보면서 바람직한 이미지 목표를 세우고, 또 나만의 개성적인 이미지를 갖도록 긍정적(positive)이고 오픈 마인드(open-mind)로 임한다.

두 번째 단계인 외적 이미지 증진을 위해서는 자신의 총체적인 부분에 대한 구체적인 이미지를 디자인한다. 즉 외모, 의상, 메이크업, 액세서리 등 외적인 면을 통한 이미지 연출을 말한다.

　세 번째 단계에서는 최고의 이미지로 끌어올리기 위해 필요한 더 구체적인 표정 이미지, 매너, 스피치이미지(스몰토크)를 말한다. 다른 사람과의 관계를 통한 이미지 연출, 즉 인사, 소개 등 첫 만남에서의 이미지 연출 등 기타 상황에서의 이미지 연출을 말한다.

　예를 들면, 탤런트 김혜자 씨는 현명한 아내, 좋은 엄마로서 한국 여성의 상징적 이미지를 소유하고 있는 배우이지만, 최근 갇힌 일상에서 탈출하고 싶은 중년 여성으로 여행을 떠나거나, 제3세계의 빈곤한 아이들을 위해 봉사하는 모습을 보여줌으로써 인간을 품는 김혜자 본연의 모습을 보여 주고 있다.

　줄리아 로버츠는 유난히 큰 입을 자랑이라도 하듯이 활짝 웃는다. 귀밑까지 찢어지는 웃음으로 보는 사람들의 기분까지 즐겁게 해 주는 항상 긍정적이고 밝은 이미지의 배우이다.

　CEO 안철수는 자신의 분야에서 확고한 이미지를 다지고 있고, 또 그의 도덕성과 일관성은 가장 큰 장점으로 뽑히면서 "이 사람이 하는 말은 믿는다."는 평가를 받고 있다.

- 스몰토크(small talk): 어색한 분위기를 누그러뜨리는 일상의 소소한 대화로 미국사회에서는 일을 시작하기 전에 스몰토크가 중요하다. 모임이나 관계의 시작이 바로 스몰토크로 시작된다. 예를 들면 'How are you?'가 좋은 스몰토크의 예이다.
- 신체언어: 신체의 자세와 표정 등으로 인간의 강점, 바람과 좋아하고 좋아하지 않는다는 점을 나타낸다. 또한 상대방에게 나의 자세로써 호감을 주기도 받기도 한다.
- 스타일: 사람은 말을 하기 전에 그 사람의 외모를 먼저 보기 때문에 전체적으로 그 사람의 개성과 외모에 맞는 스타일을 했는지는 매우 중요하다.

3) 이미지 메이킹 증진방법

이미지 메이킹의 증진방법에는 시각적, 청각적, 감각적 이미지의 증진방법이 있다.

① **시각적 이미지 증진: 자신의 이상적 이미지 구체화**
   (메이크업, 표정, 의상, 소품관리, 제스처 연출)

② **청각적 이미지 증진: 음색, 톤 조절**
   (화법연습, 질문기법, 경청기법, 의사전달)

③ 감각적 이미지 증진: 비즈니스상에서의 매너와 센스, 이성 간의 에티켓과 공중도덕 등
(임기응변과 상황대처능력, 시대적 트랜드 이해와 상대방 존중)

4) 이미지 메이킹의 10계명

좋은 이미지를 만들기 위해서는 아래의 내용을 항상 염두에 두고 실천하려고 노력해야 한다.

① 열린 마음을 가져라 - 닫힌 창고보다는 열린 뒤주가 낫다
② 첫인상에 승부를 걸어라 - 한 번 실수는 평생 고생이 되기 때문이다
③ 외모보다는 표정에 투자하라 - 표정이 안 좋다면 다른 것에 투자한 만큼 낭비이다
④ 자신감을 소유하라 - 당당하고 야무진 모습은 무언의 설득력이다
⑤ 열등감에서 탈출하라 - 상황을 바꿀 수 없다면 생각을 바꿔라
⑥ 객관적인 자신을 찾아라 - 진정한 자기 발견은 달러($)보다 값지다

⑦ 자신을 목숨 걸고 사랑하라 – 자신을 아낄 줄 모르는
사람은 남도 아낄 줄 모른다

⑧ 자신의 일에 즐겁게 미쳐라 – 즐겁지 못한 일은 모두
가 고역이기 때문이다

⑨ 신용을 저축하라 – 쌓여 가는 신용은 성공의 저금통장
이다

⑩ 남을 귀하게 여겨라 – 아무리 못났어도 나보다 나은
점이 있기 때문이다

–이미지 메이킹 센터 소장 김경호–

◆ 호감을 주는 첫인상 스킬 ◆

1. 자주 웃는다.
2. 개방적인 태도를 유지하라: 팔짱을 낀다거나 입을 가린다거나 팔로 턱을 괴는 행동은 방어적인 태도로서 상대방을 경계한다는 표현이다.
3. 관심을 기울여라: 상체를 약간 앞으로 숙이며 상대방을 대하는 건 관심이 있음을 뜻하고 대화에 몰입할 수 있도록 해 준다.
4. 터치: 자신의 양팔을 쭉 편 공간이 개인적인 공간이며 이 공간 안에 누가 들어오면 굉장히 신경 쓰이고 긴장하게 된다. 이 거리 안에 자연스럽게 받아들여지는 사람이 바로 호감 가는 사람이다.
5. 눈빛을 맞춘다: 사람들은 상대의 눈을 바라봄으로써 자신이 관심의 대상이 되고 있음을 보다 쉽게 느끼게 된다.
6. 동조해 준다: 그저 고개를 끄덕인다든가 입가에 미소만 지어도 맞장구가 된다. 사람은 대화를 할 때 상대방이 자신에게 집중하고 있는 데에 안도하고 호감을 느낀다.
7. 놀라게 해서 호감을 사라: 놀이동산의 롤러코스트를 탈 때의 흥분상태에서 상대방을 보면 호감이 간다. 의외로 기분 좋은 일이 생겼을 때 긍정적인 상태가 된다.
8. 어려움을 같이 나누어라: 비슷한 처지의 가족, 환경, 경험이 있을 때 서로의 호감은 고조된다.
9. 마무리는 확실하게 하라: "오늘 즐거웠어요. 이만"은 끝을 의미하는 것과 같다. 차라리 "우리 다음에 만나면 영화 봐요."라는 식으로 뭔가 미진하고 미완성된 느낌을 남겨 두어야 또 만났을 때 기쁘고 즐겁다.
10. 환경에 주의를 기울여라: 한 사람의 심리적인 상태가 상대방에게 전염되는 것을 '거울효과'라고 한다. 하품을 하면 여러 사람이 하품을 하게 되는 것과 마찬가지다. 관심을 끊임없이 표현하면 역으로 그의 반응이 곧 올 것이다.

5) 성공하는 사람의 이미지 메이킹

특히 최근 정치권에서는 여성 정치인이 이미지 메이킹에 대해서 남성보다 더 많은 관심을 갖고 있으며, 여성 의원 중 일부는 이미지 메이킹 업체를 정기적으로 방문하며 교육을 받고 있다고 한다. 학력, 경력 등 기본적인 백그라운드를 구비하고 있는 여성 정치인 입장에서 앞으로 계속 선거에서 승리하기 위해서 보완할 것은 이미지 메이킹밖에 없다고 한다. 이미지 컨설턴트들은 "유권자들이 여성 정치인을 봤을 때 선하고 신뢰감을 주는 것이 우선돼야 한다."면서 "기본 조건이 같은 여성일 경우 헤어스타일, 메이크업(화장), 복장 등을 어떻게 하느냐에 따라 큰 차이가 있을 수 있다."고 말한다.

① 정치인

예 1) 박근혜 전 대표:

신사임당과 같은 전통적인 여성 이미지를 잘 구현하는 것으로 평가받는다. 이는 박 전 대표가 어머니인 육영수 여사의 영향을 받아 고유의 퍼스트레이디형 스타일이 몸에 뱄다는 증거다. 특히 많은 국민은 박 전 대표의 헤어스타일인 올린 머리를 가장 많이 기억하고 있다. 즉 그의 헤어스타일은 앞머리는 부풀리고, 뒷머리는 여러 개의 핀을 이용해 위로 추어올린 형태다. 머리를 통해 깔끔하고 정돈된 이미지가 부각되는 것이 특징이다. 또한 박 전 대표의 복장에서는 권위가 있다. 특히 그가 재킷의 깃을 자주 올려 입는 것을 보면 "난 위축되지 않는다."라는 그의 심리적인 표현을 보는 듯하다. 한편 바지는 전투복으로 표현되기도 한다. 박 전 대표는 정치 현안이 걸려 있거나 민생 현장을 방문할 때 주로 바지를 입는다.

예 2) 심상정 대표:

지난 대선 당시 민주노동당 대선 후보로 출마한 진보신당 심상정 대표는 남성 같은 정장을 자주 입는다. 심 대표의 내면에 있는 여성 정치인의 핸디캡을 없애기 위한 수단이 복장에 투영된 것이라는 것이 전문가들의 해석이다. 특히 최초의 서울대 여학생회장 출신인 그는 여성적인 측면보다 능력을 내세우는 대표적인 여성 정치인이다.

예 3) 민주당 추미애 의원:

추미애 의원의 이미지는 자연스러움이다. 추 의원에게는 화려한 정장을 입는 것이 오히려 자신의 정치 노선이나 지역 유권자의 정서와 맞지 않을 수도 있다. 그는 옷을 구입할 때도 지역구의 가게에서 유권자들이 추천해 주는 것을 구입한다고 한다. 하지만 전문가들은 추 의원이 현재의 이미지보다는 좀 더 소녀스럽고 여성스러운 이미지로 바꾸는 것이 필요하다고 조언한다. 추미애 의원 하면 연상되는 '추다르크', 삼보일배(三步一拜) 등 강한 이미지가 국민들 머릿속에 깊게 인식되어 있는 것도 부담이 되므로, 원색 계통의 옷보다는 지적이면서 부드러운 이미지의 스타일로 바꾸는 것이 이미지 변화의 첫 단계라고 이미지 컨설턴트들은 조언했다.

예 4) 강금실 전 법무장관:

2006년 4월 서울시장 선거를 한 달여 앞두고 전격적으로 열린 우리당 서울시장 후보 출마를 선언했다. 그는 서울 시장 출마 시 파란색과 발간색의 중간색인 보라색 정장을 입어 부드러움과 냉철한 이미지를 연출했다. 이는 어떤 어려움에도 대처할 수 있다는 다양한 의미를 복합적으로 표현한 것이다.

예 5) 한나라당 나경원 의원:

아나운서 이미지로 성공한 대표적인 정치인이다. 국민들은 아나운서 이미지를 통해 깨끗함과 함께 신뢰감을 느낀다. 나 의원은 지나치게 튀는 의상이나 색깔은 피하지만 기존의 딱딱하고 권위적인 정치인의 이미지는 탈피한다. 개성과 열정 그리고 부드럽고 따뜻한 이미지를 표현한다. 전문가들은 여성 정치인의 경우 뚜렷하고 일관성 있는 이미지를 만드는 것이 대중의 인지도를 높이는 척도라고 조언한다.

예 6) 미국 최초의 여성 국무장관인 매들린 올브라이트 (Madeleine Korbel Albright) 국무장관:

가슴에 다는 다양한 종류의 브로치를 통하여 그녀의 기분과 속내를 잘 표현하였다.

외국과 협상 등 중요한 회의에 들어갈 때는 전갈무늬가 새겨진 브로치(공격적인 것을 의미), 김대중 대통령 당시 한국을 방문했을 때는 태양무늬의 브로치(태양은 햇볕정책을 지지한다는 의미), 벌모양의 브로치(회담이 가시가 돋친 말과 같이 뭔가 찌르는 듯한 의미), 풍선모양의 브로치(협상이 잘 진행이 될 때), 눈에 시계가 박힌 스테인리스로 만든 자유의 여신상 브로치(참여하는 당사자들이 시간을 염두에 두고 체크해야 할 때에 사용)를 달았다고 한다.

예 7) 힐러리 클린턴(Hillary Diane Rodham):

변호사 시절, 두꺼운 안경과 긴 머리의 힐러리는 촌스러우나 93년 미국 퍼스트레이디가 된 후, 부드럽게 컬이 들어간 커트 머리와 공식적인 자리에서의 어두운 색의 슈트는 단정하면서도 모던한 느낌

을 준다.

왕성한 정치활동을 하고 있는 그녀의 이미지는 영향력 있는 여성의 이미지를 구축하고 있다.

예 8) 버락 오바마(Barack Hussein Obama):

미국의 여성 법조인·사회 운동가이며, 제44대 대통령 버락 오바마(Barack Hussein Obama)의 부인인 미셸 오바마(Michelle LaVaughn Obama)는 미국 최초의 흑인 퍼스트레이디이다. 그녀는 지적인 외모와 화려한 경력, 뛰어난 능력으로 큰 관심을 모으고 있으며, 뛰어난 패션 감각으로 대선 이전에는 제35대 대통령 존 F. 케네디의 부인이었던 재클린 오나시스와 비교되어 '검은 재클린'이라 불리기도 했다.

예 9) 이명박 대통령:

2007년 말 대선 당시 이명박 캠프에서는 향기요법을 사용했다. 캠프 이미지 마케팅팀은 이명박 후보가 기자회견 등 연설할 때마다 주위에 페퍼민트 향이 가미된 향수를 뿌린 것으로 알려졌다. 향기로 청중의 감성을 사로잡겠다는 시도였다. 이미지 컨설팅에서 향기요법은 향기를 이용해서 치료하는 아로마테라피를 응용한 것이다.

또한, 파란색의 머플러를 이용해 보수, 인정 명예를 상징하는 칼라마케팅 방법도 응용하였다.

② 연예인/사회 저명인사

예 1) 오프라 윈프리(Oprah Gail Winfrey):

불행한 어린 시절을 이겨내고, 유색인종에 대한 편견이
존재하는 미국사회에서 당당하게 성공하였다. 이러한 그녀
의 패션 스타일은 능력, 지식, 적극성의 이미지로 전문직
여성의 모방의 대상이 되었다.

예 2) 패티김:

자기 관리가 철저한 스타로 유명한 패티 김은 70에 가까
운 나이가 무색할 정도로 젊음을 유지하고 어떠한 옷을 입
어도 맵시가 나는 스타 중 한 명이다.

예 3) 김성주 대표:

(주)성주그룹을 이끌고 있는 김성주 대표는 짧은 머리 스
타일과 바지 슈트를 즐겨 입고, 약간 진한 듯한 화장법으로
활동적이고, 강한 여성 CEO의 이미지를 만들고 있다.

성공하는 사람들의 이미지 메이킹의 핵심은 비전 제시에 있다.
비전도 있으면서 자신의 모습을 강하게 각인시키고 싶은 리더들을 위한 노하우 5가지를 소개하면 다음과 같다.

· 물건: 나만의 상징물을 설정하라
:2차 대전의 영웅 맥아더 장군의 파이프 담배는 대중에게 남성적이고 강한 이미지를 각인시키는 데 큰 몫을 했다. 남이 나를 생각할 때 이미지처럼 떠오르는 한 가지 물건을 설정한다. 물건은 이왕이면 젊음, 힘, 생동감, 고급스러움을 심어 주는 코드로 정한다. 빨간 넥타이, 특이하게 생긴 손목시계나 반지 혹은 세련된 안경테 등을 추천할 만하다. 특이한 e메일로 남의 흥미를 끄는 것도 좋은 방법이다. 자신의 이름 이니셜로 만든 e메일은 지양하자. 상대방에게 '포부가 큰 사람이다', '미래 지향적이다'라는 이미지를 줄 수 있도록 하려면 'charisma(카리스마)', 'topleader(톱리더)' 등도 좋다.

· 얼굴: 옆모습을 세일즈하라
: 일렬로 늘어서서 단체 사진을 찍을 때 유난히 고개를 옆으로 틀거나 몸을 돌리는 사람이 있다. 심리학자들은 이들은 대부분 리더 기질이 있고 '튀는 것'을 좋아하는 사람이라고 말한다. 정면이 순종적이거나 수동적인 느낌을 준다면 상대적으로 옆모습은 카리스마가 있게 비친다. 로버트 드니로, 알 파치노 등 카리스마를 생명으로 하는 배우들의 얼굴도 영화 속에서 대부분 측면을 보여 주고 있다. 최고 경영자(CEO)의 이미지 관리에 신경 쓰는 기업 홍보실에서 회장, 사장의 사진은 살짝이라도 측면으로 찍은 것을 배포하는 것도 이런 전술적 이유에서다.

· 말: 어미를 확실히 발음하라
: 흑인 인권 운동가 마틴 루터 킹 목사가 1963년 8월 28일 미국 워싱턴 DC의 링컨 기념관 앞 계단에서 '나에게는 꿈이 있습니다(I have a dream).'를 연설하던 현장을 떠올려 보자. 킹 목사는 천천히 또렷하게 한 단어 한 단어 힘을 주어 가며 말했다. 말의 설득력은 빠르기와는 큰 상관이 없다. 글을 손으로 쓸 때처럼 문장의 성격에 따라 마침표, 느낌표, 물음표를 찍는다는 생각으로 말을 하면 상대에게 효과적으로 다가간다. 어미 처리에 미숙해 질문을 던진 것인지 본인의 의견을 말한 것인지 헷갈리게 만드는 상사를 부하 직원들은 곤혹스러워한다.

· 눈: 맑은 눈동자로 응시하라
: 자신감 있는 눈매는 '비전 있는 리더'의 이미지 관리 1순위로 꼽힌다. 대표적인 사례가 일본 닛산 자동차의 카를로스 곤 사장이다. 1999년 닛산의 구조조정 계획 발표 때 "1년 안에 흑자 전환을 못 하면 나와 모든 직원이 사표를 내겠다."고 선언하던 장면에서 곤 사장의 눈을 유심히 본 직원이라면 도저히 그 의지, 성공 가능성을 의심할 수 없었을 것이다. 1999년 6,400억 엔(약 7조 원)의 적자를 냈던 닛산은 1년 만에 흑자 전환에 성공했다.

가까이에서 보는 '비전 있는 리더'의 눈은 일단 흰자가 맑아야 한다. 음주, 피곤에 찌들어 실핏줄이 잔뜩 돋은 눈에서 비전을 찾을 수는 없다. 말하는 사람은 상대방의 태도, 반응에 민감하다. 상대방이 말을 할 때에는 눈을 맞추고 집중하는 것이 자신의 강한 이미지를 심는 데도 도움이 된다.

・손: 제스처를 활용하자
: 상대방과 특별한 주제에 대해 대화를 나누거나 협상을 할 때 혹은 발표를 할 때 적절한 제스처를 쓰는 것을 쑥스럽게 생각하지 말자. 효과적인 손놀림은 상대방의 몰입도를 높이면서 시선을 발표자에게 집중시키는 기능을 한다. 주로 정치인들에게서 '손의 기술'을 잘 관찰할 수 있다.
존 F 케네디는 연설할 때 강조하고자 하는 대목에서는 검지를 곧추세우곤 했다. 수동적으로 바라만 보는 관중에게 "여기가 포인트다."며 '밑줄 쫙'을 그어 주는 것과 같은 효과를 낸다. 적절한 손가락 제스처는 상대에게 말하는 사람의 자신감과 의지를 보여주며 논리적이라는 이미지를 전달하기에도 좋다.

제2부

셀프스타일링

1. 나만의 스타일 만들기

1) 패션과 자기 이미지

기업만이 이미지를 상품화하고 마케팅 전략을 펼치던 시대는 지났다. 이제는 개인도 기업과 마찬가지로 자신이 추구하는 삶의 비전과 자신이 하는 일에 맞추어 스스로의 이미지를 구성하고 하나의 독창적인 브랜드로 타인에게 어필할 필요가 있다. 그렇게 할 때 자신의 가치를 극대화할 수 있기 때문이다.

흔히 눈길을 끄는 기업이나 제품이 있다면 그것은 그 기업이 어떤 특별한 마케팅 전략을 펼친 결과이다. 이 시대 성공하는 사람은 자신의 가치를 스스로 결정하고 그에 맞는 능력을 갖춰 셀프마케팅 전략으로 합당한 인정을 받도록 여러 측면에서 노력한다.

성공적인 셀프마케팅을 위해 가장 선행되어야 할 것은 자신 스스로의 가치를 인정하는 일이다. 사람은 스스로의 가치를 무의식적으로 나타내고 상대방은 그것을 읽는 능력이 있다. 그 사람에게서 자신감이 느껴지면 그 사람과 그 사람이 하는 일에 대해 신뢰하게 된다.

신뢰를 한다는 것은 그 가치를 인정받는 것과 같다. 더불어 신뢰감을 주는 자신의 가치를 능동적으로 보여줌으로

써 그에 대한 확신을 극대화시킬 수 있다. 그리고 자신의 가치를 잘 드러내고 최대한 상승시키기 위해서는 외적 이미지 관리를 통한 셀프마케팅이 필수적이다. 이는 기업이 제품을 만들어 놓고 그 제품의 가치를 극대화할 수 있는 이미지를 창출하여 마케팅하는 것과 같다.

먼저 의상 상태는 입으로 나오는 말보다 더 크고 강력하고 빠르게 그 사람에 대해 소리 없이 전달한다. 특히 급박하게 돌아가는 비즈니스 사회에는 청각보다 시각이 먼저 작용하기 때문에 스스로 자신의 가치를 어떻게 생각하고 있으며 자신은 어떤 가치로 인정받기를 원하는지 첫인상을 통해 외부에 심어 주는 것이다. 인간관계 속에서 개인의 이미지는 외모가 80%, 13% 음성, 7%가 인격으로 이루어진다고 한다. 그만큼 시각적으로 보이는 외모가 가장 중요하다고 할 수 있다.

이는 자신의 표정과 몸짓, 자세도 마찬가지다. 환한 표정으로 상대방의 마음을 이끌고, 개방된 몸짓으로 상대방의 벽을 허물고, 자신감 있는 자세를 통해 스스로의 가치를 확실하게 상대방에게 인식시킬 수 있다. 말 또한 셀프마케팅에서 중요한 역할을 한다.

셀프마케팅은 가장 가까운 사람부터 이루어져야 한다. 자기와 이해관계가 없는 가장 가까운 사람이 그 가치를 인정한다면 셀프마케팅의 반 이상은 이미 성공했다고 보아도

과언이 아니다.

2) 나만의 컬러 찾기

① 퍼스널 컬러(Personal Color)란?

우리들은 처음 사람을 만나면 불과 30초 내에 멋있는 사람인지(외면) 부드러운 사람인지(내면)를 마음속에 결정 내리는 수가 있다. 대인관계의 중요한 역할을 하는 것, 즉 자신이 갖고 있는 본래의 개성을 자연스럽게 살릴 수 있는 '어울리는 색'을 찾는 것은 좋은 대인관계를 유지할 수 있는 역할을 한다.

올해 가장 유행하는 색, 좋아하는 색이라고 해서 본인에게 다 어울리는 것은 아니다. 이 같은 이유로 본인의 개성과 거리가 먼 의복을 선택하는 것보다는 의복 색으로 인해 자신의 얼굴색이 어떻게 달라져 보이는가에 관심을 갖고 어울리는 색의 의복을 입게 되면 효율적인 자신의 연출로 힘이 생길 것이다.

진단 전   진단 후

- 컬러 진단 -

② 컬러 진단(Personal Color Consulting)이란?

사람은 누구나 태어나면서부터 갖고 있는 눈동자색, 피부색, 머리카락색이 있는데 사람에 따라서 각기 다른 이 세 가지의 컬러 특징을 분석해 보면, 누구든지 사계절로 분류한 색상 군, 즉 봄, 여름, 가을, 겨울 중 어느 한 계절에는 속한다고 볼 수 있다. 또한 각 계절에는 빨간색이라 하더라도 계절에 따라 각기 다른 빨강이 있다.

빨강색을 예를 들어 보면,

봄의 색상 군이 어울리는 사람은 오렌지 빨강

여름의 색상 군이 어울리는 사람은 수박색 빨강

가을의 색상 군이 어울리는 사람은 봄보다 칙칙한 오렌지 빨강

겨울의 색상 군이 어울리는 사람은 선명하고 푸른 기가 도는 빨강이 있다.

본인에게 어울리는 빨강도 차이가 있다는 뜻이다.

사계절 색상의 피부 톤을 분류해 보면 다음과 같다.

ㄱ. 봄(Spring) * 메이크업: 언제까지나 젊어 보이는 인상의 사람

- 크림색 피부, 하얀색 피부
- 차가운 바람에 닿으면 곧 빨갛게 되는 섬세한 피부
- 반짝반짝하고 투명감 있는 눈동자

헤어컬러	밝은 브라운과 다크브라운
아이섀도	라이트브라운과 옐로베이지
볼 컬러	밝은 피치 계, 로즈핑크는 피함
립 컬러	밝은 코랄 계와 경쾌한 오렌지 계
네일 컬러	립 컬러와 같이 칙칙한 색은 피함

ㄴ. 가을(Autumn) * 메이크업: 차분한 인상의 사람
- 차분한 오클 계의 피부로 봄 타입에 비하면 짙은 색조의 피부색. 뺨은 색이 없는 사람도 많다.
- 머리도 눈동자도 다크브라운

헤어컬러	블랙보다도 다크브라운. 소프트브라운
아이섀도	브라운 계를 기본으로 올리브 계도 좋다.
볼 컬러	차분한 오렌지 계(로즈 계는 피한다.)
립 컬러	짙은 레드 계 혹은 벽돌색
네일 컬러	로즈 계를 피하고, 골드를 느끼게 하는 색

ㄷ. 여름(Summer) * 메이크업: 부드러운 분위기의 사람

- 핑크계열의 피부로 적색계열의 핑크부터 로즈 베이지라 할 수 있는 차분한 색조의 피부색까지. 뺨에 장밋빛을 띠고 있다.
- 머리는 블랙으로 부드러운 느낌.
- 눈동자도 다크브라운.

헤어컬러	블랙이나 다크브라운
아이섀도	눈동자 색에 맞는 그레이, 퍼플, 블루
볼 컬러	핑크계로 붉은 기가 강하지 않은 색
립 컬러	로즈 계를 중심으로 밝은 색조를 추천
네일 컬러	로즈 계의 색이라면 회색빛이 조금 도는 것

ㄹ. 겨울(Winter) * 메이크업: 야무진 인상의 사람

- 붉은 기가 적은 피부색 또는 약간 노란빛을 띠는 피부로 뺨의 붉은 기가 있는 로즈 계,
- 머리는 화려함 있는 블랙이나 다크브라운인 사람
- 눈동자도 블랙으로 흰자와 검은자의 대비가 강한 것이

헤어컬러	블랙과 다크브라운
아이섀도	검은 눈동자를 살리는 그레이와 퍼플
볼 컬러	핑크 계와 로즈 계(오렌지 계는 피한다.)
립 컬러	로즈 계와 와인 계의 선명하고 진한 색
네일 컬러	로즈 계와 로즈 계의 진한 색

정리

→자신의 피부가 Warm 유형(봄, 가을)에 속한다면 따뜻하게 보이는 warm한 색상의 make-up이나 의상이 더 효과적이며, 피부색이 Cold 유형(여름, 가을)에 속하면 make-up이나 의상이 cold한 색상이 더 효과적이다.

③ 도움이 되는 컬러 매치

옷장 속에 수십 가지 컬러 아이템으로 채울 욕심 따위는 빨리 버리는 것이 좋다. 그래야 옷 입기도 쉬워진다.

대신 두어 가지 어울리는 컬러 매치를 머릿속에 기억해 두자.

예를 들면 그레이＋네이비블루, 핑크＋브라운, 이 두 가지 컬러는 쇼핑할 때마다, 옷장 앞에서 입을 걸 고를 때마다 항상 리마인드한다. 내 옷장 중 가장 잘 보이는 곳에는 짙은 네이비블루 색상의 스타킹과 머플러, 겹쳐 입을 탱크톱을 놓아두었다면, 색깔 맞추느라 고민할 필요 없이 그냥 회색 터틀넥에 진한 다크 데님 팬츠를 입고, 진회색 코트를 걸치고, 목에는 네이비블루톤의 울 머플러를 두르면 곧장 외출할 수 있다.

세상에서 제일 쉬운 컬러 매치는 블랙＋원 포인트 컬러, 화이트도 좋고, 베이지도 좋고, 스카이 블루도 좋고, 핑크도 좋다. 한 가지 컬러만 골라 용기 있게 매치하자. 블랙 코트에 연한 아이보리색 머플러만 하나 둘러도 턱 주위로 오라가 생겨 분위기는 싹 바뀐다.

이 외에도 베이지는 스카이 블루랑 잘 어울리고, 올리브 그린이나 카키는 옅은 오렌지와 잘 어울리니 한번 활용해 보도록 하자.

대한민국 거리는 블랙 컬러 의복을 입고 있는 사람이 거의 80퍼센트 이상이다.
무엇이 우릴 블랙 피플로 만든 걸까?

우리나라 사람이 블랙 컬러를 선호하는 이유는 입었을 때 날씬해 보이고, 어떤 옷과도
잘 매치되며, 어느 장소를 가든지 튀지 않고 무난하게 어울릴 수 있는 컬러라서일 것이
다. 하지만 블랙도 하루 이틀이지 보는 사람을 지치게 한다.
컬러를 코디네이션할 때, 한 가지 주의할 게 있다.
바로 자신의 피부색(스킨톤)을 인식하는 것이다. 다 같은 한국인이지만 잘 살펴보면 피
부색은 엄청 다양하다. 예로 붉은빛이 도는 흰 피부, 노란빛이 도는 흰 피부, 벌꿀빛이
도는 연갈색 피부, 붉은빛이 도는 갈색 피부 등등. 피부색 따라 같은 컬러라고 해도 어
울리는 톤이 조금씩 다르다. 따라서 자신에게 어울리는 톤을 찾아내기 위해서는 전문
업체에서 하는 컬러진단을 받아 보는 방법과 우리 주변에서 쉽게 할 수 있는 방법으로
유니클로나 지오다노 같은 매장에 들어가서 각 컬러별로 출시되는 티셔츠 같은 기본
아이템을 이것저것 얼굴에 대보면서 자신에게 어울리는 톤의 컬러를 찾아내는 것이다

2. 나만의 스타일을 위한 연출

"먹는 것은 자기가 좋아하는 것을 먹되, 입는 것은 남을 위해서 입어야 한다(Eat what you like, but dress for the people)."라고 하였다. 이미지 관리를 할 줄 아는 사람들은 바로 이 점을 지킨다. 의상은 경우에 따라 첫인상의 전달 효과에서 70% 이상을 차지하기 때문이다. 의상은 상대의 기대에 부응하며 호감도를 높이는 절대적인 요소이다. 상황과 대상에 맞는 옷차림을 할 줄 아는 능력은 자신을 잃어버리는 것이 아니라 자신을 돋보이게 하고, 자신을 상대에게 제대로 전달시킨다. 당나라에서 시작하여 우리 전통사회의 관리를 뽑는 시험에서 인물의 평가 기준으로 삼았던 신

언서판(身言書判) 역시 언변이나 필적, 판단력보다 우선시하던 것이 단정하고 바른 몸가짐이었다. 특히 현대인들은 옷차림으로 그 사람의 성격, 습관, 사회적 위치, 개성, 경제 상황을 대변한다. 하물며 매일 새로운 사람을 만나고 능력과 자질을 총동원해 정글 같은 사회 속을 헤집고 나가야 할 직장인에게 있어서는 필수 불가결한 요소라 할 수 있다.

시대가 변할수록 의상의 기능은 매슬로우가 제시하는 5단계 욕구의 상위 순위로 변화한다. 복식의 기원은 생리적 욕구와 안전의 욕구에서 시작됐다. 그러나 이에 그치지 않고, 점차 사회적으로 자신을 인정받고 싶은 욕구, 자신이 존중받기를 원하는 욕구, 나아가서 자기실현의 욕구로까지 확대되고 있다.

자신의 외모관리는 '자신을 제대로 전달하기'의 시작이므로 자신의 옷차림을 되돌아보자.

필요한 건 돈이 아니라 약간의 시간과 관심이다. 자신감이 있는 사람, 자신의 몸을 잘 아는 사람, 격식 있는 옷차림의 중후함을 즐길 줄 아는 사람이야말로 그가 진정한 멋쟁이라고 할 수 있다.

옷 입기의 중요성을 말하는 표현과 사례이다.

● *'옷이 날개'*: 옷이 신분이나 직위를 표시하던 시절은 지나갔지만, '이미지의 시대'인 오늘날 옷 입기의 중요성은

더욱 강조

- '*옷은 곧 자신을 표현*'하는 수단: 옷을 잘 입고 못 입고
에 따라, 자신의 좋은 이미지를 심어 줄 수도, 나쁜 인상을
남길 수도 있음
- '*옷차림도 전략*'이라는 한 신사복 광고 카피: 옷차림은
그 사람의 성격, 습관, 사회적 위치, 개성, 경제상황, 심지
어 능력을 보여 주는 척도
- '*멋쟁이는 옷을 입지 않는다. 스타일을 입는다.*'

사례 1) 연극배우에게 짙은 감색 양복에 넥타이를 매고,
값나가는 서류가방을 들게 했다. 그리고 지나가는
행인에게 지갑을 잃어버려서 그러니 버스비를 달라
고 했다. 두 시간 동안에 그는 십만 원이 넘는 돈
을 모을 수 있었고 그중에는 택시를 타라며 택시비
를 주는 사람도 있었다. 다음 날 같은 사람이 같은
시간에 같은 장소에서 청바지에 점퍼차림으로 같은
질문을 했을 때, 사람들의 반응이 너무도 달랐다.
어떤 사람은 들은 척도 않고 지나쳤고, 어떤 사람
은 매우 주저하며 버스비를 건네주었다. 두 시간
동안 그는 만 원이 조금 넘는 돈을 얻을 수 있있다.

위의 결과처럼, 같은 사람이 옷차림만 바꾸었음에도 너

무나 확연하게 다른 결과가 나옴을 알 수 있다. 사람들은 성공한 이미지를 갖고 있는 사람에게 더욱 끌리며, 그런 사람들은 시간과 노력을 기울여서 자신의 이미지를 향상시키기 위해 노력한다.

✦ 옷 입기의 기본 ✦

1. 기본이 되는 한 벌은 고급으로 장만한다(기본이 되는 슈트).
2. 이상하게 보이지 않는 것이 자신의 기본 길이
3. 전체를 보면서 부분의 섬세함을 살핀다.
4. 자신에게 어울리는 기본색 3 - 5가지는 알아 둔다.
5. 고정관념으로 색을 보지 않는다.
6. 속옷에 신경을 쓴다.
7. 스타킹은 피부색과 비슷한 색을 신는다.
8. 구두는 5 - 7cm 정도가 몸매를 가장 돋보이게 한다.
9. 스카프와 옷은 같은 비중으로 본다.
10. 액세서리와 옷은 하나로 본다.

1) 의상(CLOTH)

① 남성

직장인으로서의 최상의 이미지는 자신이 몸담고 있는 기업의 특성에 따라 혹은 맡은 업무에 가장 걸맞은 이미지를 구축하는 것이다. 즉 자신의 직장과 소속을 굳이 밝히지 않아도 상대가 느낄 수 있어야 한다.

프로패셔널한 직장인에겐 옷차림새뿐만 아니라 부드러운 표정, 반듯한 자세, 절도 있는 제스처, 매력이 느껴지는 포즈가 묻어 나와야 한다. 옷은 잘 차려입었는데 표정이 굳어 있거나, 자세가 구부정하거나, 세련되지 못한 보디랭귀지를 연출한다면 자신은 물론 기업의 이미지까지 떨어지게 만든다. 기업과 직원 모두 최상의 이미지를 추구할 때 개인의 삶의 질은 높아지고 기업의 경쟁력은 더욱 강화된다.

ㄱ. 비즈니스 정장의 대명사, 슈트

슈트(Suit)란 아래위를 같은 소재로 지은 한 벌 옷이다. 비즈니스 사회의 '격식'을 대변하는 의상으로 서양에선 이미 200여년 동안이나 활동하는 남성의 상징이 되어 왔다.

비즈니스맨이 슈트를 입는 이유는 무엇일까.

원활한 사회생활을 위해 서로가 지켜야 할 기본적 예의를 다하겠다는 의사표시이다. 단정하고 격식에 잘 맞는 슈트 차림은 당신에게 유능하고 예의 바르며 자신감 넘치는 남성이란 이미지를 심어준다. "슈트를 잘 입는 사람이 남자 세계를 지배한다."는 말이 나올 정도이다.

슈트의 기본 스타일은 다음과 같다.

- 아메리칸 스타일(American Style)

미국인의 실용주의 정신이 담긴 옷. 허리선이 없고 소매가 좁으며 한 개의 뒤트임, 2~3개의 단추가 달려 있다. 바지에도 중심 주름 외에는 장식이 없다. 직선 재단의 박스스타일이라 체형의 결점을 감추는 데 효과적이지만 자기만의 독특한 감각을 표현하기엔 다소 힘에 부친다. 요즘은 허리에 1~3개의 주름을 넣기도 한다.<그림 1>

－브리티시스타일(British Style)

런던 리젠트가의 최고급 양복점 거리 이름을 따 새빌로우 스타일(Savile Row Style)이라고도 부른다. 어깨엔 1장의 패드만을 넣어 자연스러움을 살리고 허리에 약간의 주름을 넣은 귀족적이고 중후한 스타일이다. 바지허리에도 주름이 들어가며 밑단은 접어 꺾은 형태가 일반적이다. 요즘은 3개의 단추와 뒤트임이 있고 부드러운 어깨 모양을 한 싱글 브레스티드 슈트(3~7개의 단추가 한 줄로 달린, 앞여밈이 홑자락인 슈트)가 대표적인 품목으로 사랑받고 있다. <그림 2>

－유러피언 스타일(European Style)

가장 패셔너블하고 시선을 끌며 유행에 민감한 실루엣. 어깨는 각이 지고 가슴에서 엉덩이까지 꼭 맞는 모양이다. 단추 7개에 뒤트임이 없으며 바지는 브리티시스타일과 마찬가지로 밑단을 접어 꺾은 형태다. 우아함을 선호하는 이들에게 잘 어울린다.<그림 3>

- 이태리언 스타일(Italian Style)

'대부' 같은 마피아 영화에 자주 등장하는 옷. 미국의 넉
넉함, 유럽의 곡선미, 영국의 균형미가 잘 조화된 최신 모
드다. 어깨가 조금 더 넓고 허리의 파침이 적으면서 아랫단
이 부드러운 곡선으로 연결돼 남성답고 세련될 뿐 아니라
매우 편안하다.<그림 4>

〈그림 1〉
American Style

〈그림 2〉
British Style

〈그림 3〉
European Style

〈그림 4〉
Italian Style

ㄴ. 직업에 맞는 옷 입기

－세미 정장

흔히 콤비네이션 스타일이라 부르는데 재킷과 바지가 색
상과 재질이 다른 반정장 스타일을 말한다. 콤비용 재킷은
정장용 재킷과는 재질 자체가 다르다. 감청색과 회색 계열
의 재킷으로 장만해 놓으면 두루두루 활용하여 입을 수 있
다. 즉 회색이나 베이지색 계열의 정장용 울 바지와 매치시
켜 입으면 훌륭한 '비즈니스 정장' 스타일이 되고, 같은 콤
비용 재킷에 베이지색 면바지와 입으면 '비즈니스 캐주얼'
로 연출할 수 있다. 베스트 컬러 코디네이션은 슈트의 경우
에는 깊이가 느껴지는 감청색, 쥐색 등의 어두운 계열로 셔
츠와 타이는 선명한 색이 좋다.

－사무직의 근무복

근무복은 부자유스러운 정장에서 벗어나 비즈니스 캐주
얼로 입는 만큼 세련됨이 더욱 요구된다. 캐주얼 아이템이
지만 단정하고 깔끔한(Cool) 이미지를 동시에 연출할 수 있
어야 한다. 천의 소재는 구김이 잘 가지 않게 처리된 면이
나 라이크라로 만들어진 것이 면바지와 매치하기가 좋다.
짙은 카키색 재킷 속에 아이보리색 라운드 네크라인의 면
티셔츠를 받쳐 입고, 베이지색 면바지를 입는다. 신발은 갈
색 계열의 보트 슈즈(boat shoes)를 신으면 더없이 멋스럽고

도시의 여유로운 직장인의 이미지가
물씬 풍긴다.

> * 라이크라(lycra): 미국의 뒤퐁사
>   가 만든 고탄성 우레탄섬유인
>   스판텍스의 상표명이다.

그밖에 봄과 여름용, 가을과 겨울용
의 캐주얼풍의 재킷을 마련해 놓으면 무난하게 즐길 수 있
다. 셔츠를 입을 땐 바지 안쪽으로 넣어서 입고 벨트를 매
라. 셔츠를 바지 바깥으로 내어서 입으면 단정치 못하다.
여성, 남성, 연령에 상관없이 누구나 무난하게 어울릴 수
있는 스타일로는 검정색 터틀넥 위에 짙은 색의 올이 굵은
스트라이프 무늬의 면 셔츠를 겹쳐 입어 보라. 편하면서도
세련된 근무복으로 손색이 없다. 베스트 컬러 코디네이션은
검정색, 흰색, 회색의 무채색 계열을 주조로 하여 카키, 베
이지, 아이보리, 초콜릿색 계열 등이 무난하다.

 - 생산직

생산직에 종사하는 사람들은 무엇보다도 활동하기 편한
소재와 스타일을 입어야 하는데 캐주얼이 단연 최고이다.
폴로(polo) 스타일의 스포츠 웨어도 괜찮다. 소재는 땀의 흡
수성이 좋은 면이 가장 좋다. 컬러는 원색 계열을 멋스럽게

조화시키는 것이 좋다. 즉 검정색 진이나 라이크라 소재로 만든 바지에 빨강 또는 노랑, 파랑 티셔츠를 입으면 보다 활동적인 이미지를 연출할 수 있다. 청바지를 입을 경우엔 기능성을 고려해 몸에 딱 붙는 스타일보다는 품이 넉넉한 배기바지나 멜빵바지도 즐길 만하다. 선명한 컬러 이미지는 업무적으로도 빈틈이 없음을 나타낼 뿐만 아니라 옷을 입은 이에게는 스스로 긴장감을 가짐으로써 활력을 느끼게 한다. 파스텔 계열은 피라는 것이 좋다. 여성의 경우엔 요즘 유행하는 '노출 패션'은 금물이다. 가슴이 노출되는 것을 우려하여 자칫 활동에 불편함을 느낄 수 있고 따라서 효율적인 생산 효과를 기대할 수 없게 된다.

– 연구직

타인을 의식하기보다는 자기중심적인 스타일을 입어도 괜찮다. 튀는 색상과 소재도 허용된다. 블랙의 패셔너블한 슈트에 흰색 셔츠, 검정색 타이를 매도 좋고, 도라지꽃(보라색 계열) 색상의 셔츠나 체리 핑크색 티셔츠에 흰색 바지를 입어도 좋다. 때로는 캐주얼에 스카프나 니트로 만든 타이를 멋스럽게 연출하면 좋다. 늘 입던 청바지에 싫증이 나면 완벽한 정장 차림을 입고 출근해도 좋다. 주위의 제약이 없이 자기표현이 자유로울 때 창의력을 극대화시킬 수 있다.

ㄷ. 슈트의 색상

색은 사람의 인성을 표현하는 데 매우 중요한 역할을 한다. 어떤 색 의상을 입었느냐에 따라 첫인상이 결정되고 심지어 사업의 성패가 판가름 나기도 한다. 그러므로 슈트를 고를 때에도 지나치게 '튀는' 색보다는 기본색상 몇 가지를 충실히 갖추어 놓는 것이 좋다. 슈트의 기본색상은 청색, 회색, 밤색, 검정색 계열이다.

- 청색 계열

"슈트는 청색에서 시작해 감청색으로 끝난다."는 말이 있다. 그만큼 청색 계열은 슈트에 잘 맞는 색상이다. 흰색 셔츠와 제 짝처럼 어울리며 타이 색상도 비교적 자유롭게 선택할 수 있다. 다소 차가운 느낌을 준다는 것이 흠이지만, 깔끔하고 분명한 인상을 주기 때문에 비즈니스맨에겐 없어서는 안 될 아이템이다.

- 회색 계열

편안하고 지적인 분위기가 풍기는 색이다. 나이와 상관없이 점잖고 안정감 있는 이미지를 연출한다. 너무 똑떨어지게 입으면 거만하다는 느낌을 줄 수도 있지만 그만큼 성공한 비즈니스맨에게 적합한 옷이다. 셔츠 색상 선택도 자유로운 편, 컬러와 소매 끝에만 흰색을 덧댄 클레릭 셔츠(Cleric Shirts)와도 무리 없이 어울린다.

－검정 계열

예복으로 적합하다. 정중하고 성실해 보이며, 타이 선택에 따라 화려하고 강렬한 이미지로 변신이 가능하다. 따라서 갈 장소와 모임의 성격을 잘 고려해 입어야 너무 도드라져 보이는 실수를 방지할 수 있다.

－밤색 계열

부드럽고 세련된 멋이 담긴 색상. 특히 회색과 녹색을 섞어 놓은 듯한 색이 무난하다. 그러나 어울리는 셔츠나 타이가 많지 않아 초보자가 소화하기엔 다소 무리가 있다.

tip) 슈트를 입을 때는 슈트, 드레스 셔츠, 타이의 색상 맞춤이 핵심이다.

> 셋 중 둘은 단색으로 하고 하나(주로 타이)는 무늬가 있는 것으로 하는 것이 기본이다. 기초 색상과 악센트 색상을 조화시키되 타이를 고를 땐 양복과 셔츠의 색이 포함돼 있는 것을 선택하는게 안전하다.
>
> －청색 슈트
> 타이는 감청색, 자주색, 레지멘털 스트라이프 등 전통적 패턴이 적합하다. 격식에 가장 잘 맞는 셔츠는 흰색. 흰 바탕에 가는 감청색 스트라이프가 있는 것도 좋다. 구두는 단연 검은색, 가방도 마찬가지다.

- 회색 슈트

중후한 느낌에 고급스러운 비즈니스 정장. 1주일에 2~3회 입어도 좋다. 어떤 색 타이라도 무난하다. 특히 와인색 계통, 네이비 톤의 흰색 스트라이프가 제격이다. 셔츠는 흰색이 가장 좋지만 베이지나 핑크와도 잘 어울린다. 그만큼 셔츠 선택 폭이 넓은 편. 역시 검은 가죽구두를 신는다.

- 검정 슈트

의외로 패셔너블한 옷이다. 좀 중후하게 입고 싶으면 더블 브레스티드 슈트를 선택한다. 넥타이는 고전적인 검은색 스트라이프나 물방울무늬가 좋다. 의식용으로 입을 경우 축하행사엔 흰색 실버, 조문할 때엔 무늬 없는 검정 타이를 맨다. 셔츠는 실크 소재 흰색이 기본이다. 끈과 장식이 없는 구두를 택한다.

- 무늬 없는 것끼리 입는다.

무늬 없는 재킷과 무늬 없는 바지를 맞춰 입는다. 색상만 신경 쓰면 크게 실패할 염려가 없다. 상의가 진하면 하의는 옅게, 하의가 진하면 상의는 옅게 입는 것이 기본. 청색 계열 상의에 회색 바지를, 진갈색 상의에 베이지색 바지를 맞춰 입는 식이다. 셔츠는 흰색이 가장 좋다. 재킷과 같은 색상 계열 타이를 매면 한층 단정해 보인다.

- 무늬 있는 것과 없는 것을 조화시킨다.

무늬 있는 재킷에는 무늬 없는 바지를 입는 것이 무난하다. 처음에는 재킷 색상이나 무늬가 두드러지지 않는 것을 선택한다. 점차 옷 입기에 자신이 생기면 대담한 조화도 시도해 본다. 바지는 재킷에서 주조를 이루는 색상 계열로 고르는 것이 좋다. 회색 바탕에 검정 무늬가 있다면 바지는 회색이나 검정. 겨자색 바탕에 갈색무늬가 있다면 바지는 베이지색이나 갈색이 적합하다.

- 무늬와 무늬의 조화

가장 소화하기 어려운 형태다. 포인트는 무늬에 강약을 주는 것이 포인트이다. 재킷 무늬가 크면 바지무늬는 작은 게 좋다. 물론 색상 조화에도 신경을 써야 한다. 재킷은 되도록 넓어 보이게, 바지는 길어 보이게 입는 것이 중요하다. 이때 셔츠, 타이를 단정한 것으로 고르면 한결 정돈되어 보이고 대담한 무늬를 선택하면 눈에 확 띄는 차림이 된다. 자칫 경박한 인상을 줄 수도 있으므로 장소와 상황을 잘 살펴 입어야 한다.

- 비슷한 색, 반대의 색

처음에는 상하의를 같은 계열 색상으로 골라 입다 차차 반대색을 조화시키는 연습을 한다. 노란색 계열에 초록색을, 자주색 계열에 파란색을 맞춰 입는 식이다. 학창 시절 미술 시간에 배운 보색을 떠올리면 될 것이다.

- 질감의 조화도 중요하다

같은 종류의 천이 아니라도 비슷한 느낌을 주는 것끼리 골라 입는다. 재킷에 광택이 있으면 바지도 광택이 있는 것으로, 재킷이 모직이면 하의도 모직으로 선택한다.

　－타이 매는 법

타이 길이는 137～147㎝가 적당하다. 끝이 바지 허리밴드에 닿을 정도로 매고, 겹
처지는 뒷부분은 앞부분보다 약간 짧아 앞에서 보이지 않게 한다. 타이의 적당한 너
비는 약 8㎝, 유행에 따라 7～9㎝ 사이를 왔다 갔다 한다. 타이 너비가 적절하면
타이 매듭으로 인해 셔츠 컬러가 양쪽으로 벌려지거나, 타이가 셔츠 컬러 주위에서
이리저리 치우치는 일이 생기지 않는다.
타이의 생명은 색상이다. 슈트와 같은 계열 색상을 선택하면 차분하고 단정한 인상을
준다. 강렬한 이미지를 연출하고 싶을 땐 슈트와 반대색 계열의 타이를 맨다. 도트(물
방울), 스트라이프, 체크, 페이즐리(곡옥 모양) 등이 대표적인 문양이다.
타이를 고를 때에는 머릿속에서 갖고 있는 슈트를 그려 본다. 그 슈트의 색상을 기본
으로 해 어울릴 만한 동색 또는 반대색 계열 타이를 산다. 점잖은 자리에는 도트나
페이즐리, 스트라이프 등 고전적 무늬가 작게 프린트된 것을 매고 간다. 지나치게 눈
에 띄는 디자인은 피하는 것이 좋다.

ㄹ. 체형에 맞는 슈트 고르기

　－체격이 큰 사람: 무늬 없는 짙은 회색 슈트가 잘 어울
린다. 어깨선이 일직선으로 딱 떨어지는 상의, 아래쪽으로
갈수록 통이 좁아지는 바지를 고른다.

　－키가 크고 마른 사람: 라펠(상의의 깃)과 어깨가 넓은
것, 그리고 각이 진 어깨선을 강조하는 슈트가 적당하다.
쓰리피스 슈트(상의, 바지에 조끼가 더해진 슈트)도 무난히
소화할 수 있다. 너무 헐렁하게 입으면 오히려 더 말라 보

이므로 주의한다.

- 비만형: 검정, 짙은 감청 등 수축색을 선택하는 동시에 세로선을 강조한다. 선명한 세로줄 무늬가 있는 옷도 좋다.

- 키가 작고 마른 사람: 체형의 결점을 감춘다고 헐렁하게 입으면 더욱 왜소해 보인다. 오히려 잘 맞는 옷으로 날렵함을 강조한다. 가로선을 강조하는 격자무늬 슈트가 어울린다. 색상은 감청이나 중간 톤의 회색이 무난하다. 체크무늬, 바지 커프스(Cuffs)는 피하고 뚜렷한 스트라이프(줄무늬)를 눈여겨본다.

ㅁ. 잘 맞는 슈트 고르기

쇼핑을 곤혹스러운 일로 여기는 남성이 의외로 많다. 자신의 옷을 살 때도 기대에 부풀어 꼼꼼히 살펴보기보다는 매장 여기저기를 겉핥기 일쑤이다. 잘 맞는 옷, 어울리는 옷을 고르려면 우선 옷 입을 당사자가 열의를 가지고 쇼핑에 적극적으로 뛰어들어야 한다. 합리적인 슈트 쇼핑 원칙은 이렇다.

- 우선 자신의 나이, 키, 체형, 피부색, 직업, 작업 환경 등을 고려해 어떤 옷이 적합한지 심사숙고한다

쇼핑을 가기 전에 옷장 문을 열어 본다. 현재 회색이나 청색 싱글 슈트를 갖고 있다면 새로 구입할 옷은 밤색 계열이나 더블 브레스티드 슈트(단추가 2~3개씩 두 줄로 달린, 앞여밈이 겹자락인 슈트)가 된다. 좋아하는 색상, 스타일만 고집하지 말고 몇 가지 기본 스타일을 충실히 갖춰 놓는 것이 여러모로 유리하다. 셔츠, 타이 등 다른 아이템에도 똑같이 적용할 수 있다는 말이다. 짙은 밤색 슈트는 셔츠와 넥타이 코디네이션이 매우 까다로운 복장 중 하나다. 가장 무난한 스타일은 흰색 버튼다운 셔츠에 밤색 계열 타이를 매는 것. 다소 강한 느낌을 주려면 그린 계열 셔츠를 입고 노란색 타이를 맨다.

– 반드시 입어 본다

싸다, 또는 가깝다는 이유만으로 아무 매장이나 가기보다는 평소 입고 싶었던 스타일의 옷이 구비돼 있는 곳을 신중히 골라 간다. 사전지식이 없다면 백화점이나 전문점을 찾는 게 가장 안전하다. 눈에 보이는 대로 대충 골랐다간 계절마다 옷을 사면서도 "입을 옷이 없다."는 말을 하게 된다. 세심히 고른 후 반드시 입어 보고 동행자나 매장 직원의 평가를 듣는다.

- 한 벌 슈트는 가능하면 한 벌로만 입는다.
  각기 다른 슈트의 상·하의를 함께 입으면 금방 티가 난다.
- 슈트 차림에는 반소매 셔츠를 입지 않는다.
- 타이 길이는 바지의 허리밴드에 닿게 매는 것이 적당하다.
- 셔츠 속에 러닝셔츠는 격식에 맞지 않는다. 속이 비치는 것이 쑥스럽더라도 입지 않
  는 것이 원칙. 정히 입어야겠다면 무늬나 색이 없는 것을 고른다.
- 벨트와 서스펜더는 함께 착용할 수 없다. 서스펜더는 벨트 고리가 없는 바지에 착용
  하는 것이다.
- 벨트는 옷차림 구색에 걸맞게 장식이 적고 단순한 모양을 선택한다.
- 검은색·회색·청색 계열 슈트에는 검은색 구두를, 밤색·올리브 그린 계열의 슈트
  에는 밤색 구두를 신는다. 특별한 경우라도 가죽의 제 색깔이 살아 있는 구두를 신
  는 것이 실수를 줄이는 길이다.
- 노타이에 밖으로 드러난 셔츠 깃은 촌스러울 뿐 아니라 신사다운 멋을 거세해 버린
  다.
- 단추가 두 개인 슈트를 입을 때는 위 단추 1개만 채우고, 단추가 3개인 경우는 위
  의 단추 2개를 채우는 것이 기본이다.
- 더블 브레스티드 슈트의 단추는 모두 채워야 한다.
- 흰 양말은 스포츠웨어를 입을 때만 신는 것이다. 슈트 차림에는 검정색, 회색 계열
  양말을 신는다.
- 상의 왼쪽 가슴에 있는 주머니는 비워 두어야 한다. 여기에 휴대전화나 만년필, 전자
  수첩, 명함 등을 넣어두는 이들이 있는데 보기 싫을 뿐 아니라 예의에도 어긋난다.
  이 주머니는 원래 포켓치프를 꽂게 마련된 것이어서 그 자체가 하나의 장식물이다.
- 크고 요란한 액세서리는 품격을 떨어뜨린다. 꼭 필요한 경우가 아니라면 반지 등의
  액세서리는 하지 않는다.
- 현금은 반드시 지갑에 넣어 보관한다. 주머니가 처지거나 요란한 소리를 내면 품격
  이 떨어진다. 긴 지갑은 상의 안주머니에, 반지갑은 바지 뒷주머니에 넣는다.
- 바지선은 체형에 따라 자연스럽게 엉덩이에서 발목까지 점차 좁아져야 보기 좋다.
  바지통은 신발이 3분의 4 정도 가려지는 것이 적당하다.
- 바지는 엉덩이 부분을 넉넉하게 입어야 앞 주름과 주머니가 벌려지지 않는다. 서스
  펜더를 하는 바지는 벨트를 착용하는 바지보다 1.5㎝가량 허리를 넉넉히 하고 길이
  도 조금 길게 해 입는다.
- 밑단을 접은 바지는 구두 등을 살짝 덮는 정도가 좋고, 접지 않은 바지는 뒷부분이
  구두창과 굽이 만나는 지점까지 내려오도록 입는다. 기본적으로 걸을 때 양말이 보
  이지 않도록 해야 한다.
- 바지 앞 주름은 무릎을 구부렸을 때 가운데에 와야 한다. 뒤 주름이 허리벨트까지
  나 있는 것은 좋지 않으며 엉덩이 정점 근처에서 자연스럽게 사라지게 한다.

출처: 남자 옷 이야기 1/타이콘 패션연구 소 편저. 시공사

ㅂ. 눈여겨 살펴볼 부분들

슈트를 사러 갈 때는 타이까진 아니어도 최소한 셔츠는 입고 가야 옷을 제대로 입어볼 수 있다. 슈트에서 가장 중요한 부분은 어깨다. 옷을 입었을 때 앞면에 X자 주름이 나타나거나 목뒤에 가로 주름이 생기면 어깨 너비가 맞지 않는다는 증거다. 그 다음 살펴보아야 할 곳이 브이 존(V-zone: 슈트 컬러, 셔츠 컬러, 타이에 의해 구성되는 7자형 가슴 부분). 슈트가 너무 꼭 끼면 Y형 대신 U형이 나타난다. 옷깃이 들리거나 뒤로 젖혀지지 않았나도 꼼꼼히 살핀다.

- 깃
재킷에서 셔츠의 깃이 1~1.5㎝ 정도 나올 것
셔츠와 양복의 깃은 옆에서 보았을 때 평행

- 소매
상의 부리에서 셔츠의 CUFFS(소매)가 1~1.5㎝ 정도 나오도록 함
셔츠의 커프스는 손목에 있는 둥근 뼈를 살짝 가려야 함
양손을 아래로 내렸을 때 옷자락이 가볍게 잡힐 정도

- 바지

바지의 양쪽 끝이 구두 윗면을 위에서 보았을 때 덮을 정도의 길이

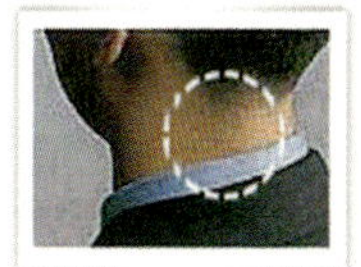 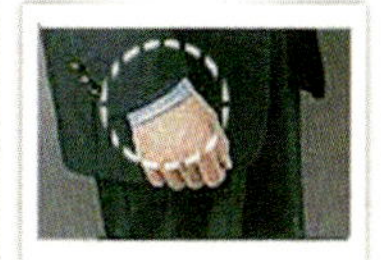 

서양의 전통 예복에는 정식 예복(Most Formal Wear) 차림인 모닝코트(Morning Coat)와 테일 코트(Tail Coat), 준예복(Semi-formal Wear) 차림인 디렉터스 슈트(Director's Suit)와 턱시도(Tuxedo), 약식예복 차림인 블랙·다크 슈트(Black Dark Suit)가 있다.

- 모닝코트(Morning Coat)
아침부터 저녁 전까지의 시간에 입는 정식 예복. 공식 오전 행사, 정식 오찬, 교회 의식, 경마 등에 참가할 때 입는다. 원래 줄무늬 바지에 윙 컬러 셔츠, 회색 조끼와 은회색 타이를 매고 회색 장갑, 검은색 비단 양말, 흰색 포켓치프, 염소가죽 해트까지 갖추는 것이 원칙이다. 요즘은 점차 간소해져 다크 슈트로 대신하는 경우도 적지 않다. 다크 슈트는 검정이나 감색 슈트에 흰색 실크 셔츠, 은빛이나 회색 넥타이와 실크 포켓치프를 갖춘 차림새이다.

- 테일 코트(Tail Coat)
화이트 타이 또는 연미복이라 부르기도 한다. 흰색 조끼와 보타이, 장갑을 착용한다. 공식 만찬, 저녁 리셉션, 오페라, 무도회, 야간 결혼식 등에 어울린다. 흰색 마직 싱글 조끼, 무늬 없는 흰색 윙컬러 셔츠, 검정색 에나멜 옥스퍼드 구두를 갖춰 입는다.

- 디렉터스 슈트(Director's Suit)
준예복. 검정색 모직 슈트와 조끼에 모닝코트 바지, 흰 셔츠와 커프스 버튼, 포켓치프로 구성된다. 요즘은 검정 계통 정장으로 대체하는 추세다.

- 턱시도(Tuxedo)
야간의 각종 파티, 콘서트, 호텔 클럽, 유람선을 이용할 때 입는다. 밤의 준예복으로

오늘날 사교계에서 가장 많이 입는 옷이다. 테일 코트의 꼬리를 잘라 버린 형태, 검정색 상의와 하의, 조끼나 커머밴드(폭 넓은 장식 허리띠), 흰색 골무늬 면 셔츠나 주름 넣은 턱시도 전용 셔츠, 검정색 마노나 진주 단추, 검정색 보타이와 에나멜 옥스퍼드 구두, 흰색 포켓치프가 정식 차림을 말한다. 여름에는 타미와 커머밴드를 뺀 나머지를 모두 아이보리색으로 입는 아이보리 턱시도가 제격이다. 영국에서는 '디너 재킷', 이탈리아에서는 '스모킹'이라 불린다.

출처: 남자 옷 이야기 1/타이콘 패션연구 소 편저. 시공사

ㅅ. 멋과 기능의 조화, 캐주얼웨어

캐주얼(Casual)이란 '편한, 약식의' 등의 의미를 지니고 있다. 그러므로 캐주얼웨어(Casual Wear)란 포멀웨어(Formel Wear)에 대비되는 약식의 옷 또는 평상복을 일컫는 말이다. 특별히 규정된 바가 없으므로 자신의 패션 감각을 한껏 과시할 수 있는 아이템이기도 하다. 캐주얼웨어의 대표격은 점퍼와 진, 니트웨어이다. 이밖에 캐주얼 셔츠, 스포츠웨어, 아웃도어웨어도 포함된다. 직장인 중에는 정장 마련에만 신경 쓸 뿐 캐주얼웨어에는 무심한 이가 많은데, 사업을 위한 여러 가지 교제가 레포츠나 야외활동을 통해 이루어지는 것을 감안하면 결코 경시할 수 없는 부분이다.

– 체형에 따른 진 선택

마른 사람은 꼭 맞는 스타일을 피한다. 좁은 통이 다리와 엉덩이의 빈약함을 강조하기 때문이다. 대신 발목은 좁고 허벅지 부분이 넉넉한 디자인이나 일자형이 어울린다. 키 크고 체격 좋은 스타일은 진에 가장 잘 어울리는 사람.

전체적으로 커 보이는 듯한 정통 진을 선택한다. 키가 작고 뚱뚱한 사람의 경우 접어 올려 입는 바지나 엉덩이가 꼭 끼는 스타일은 피한다. 보통 체형 중에서도 다리가 짧은 편이라면 슬림한 진 중 허리가 위로 높게 올라온 것을 고른다.

- 스웨터 고르기

니트웨어(Knit Wear)는 반드시 울마크나 울혼방마크 등 소재 표시가 있는 것이라야 한다. 가볍고 부드러우며 다소 볼륨감 있는 것을 선택한다. 목둘레 등 고무뜨기 부위의 신축성이 좋고 이음부분은 마무리가 깨끗해야 한다. 니트는 한 번 빨면 줄어들기 쉬우므로 넉넉한 치수를 고르고, 세탁에 주의해야 한다.

스웨터는 주로 목부분이 어떤 모양인가에 따라 스타일이 나뉜다. 터틀넥(Turleneck) 스웨터는 턱이나 목이 짧아 보여 목이 긴 사람에게 잘 어울린다. 브이넥은 얼굴을 강조하기 때문에 두상 작은 이에게 적합하다. 니트를 입고 난 후엔 바로 옷걸이나 의자 등받이에 걸어 체온과 습기를 발산시킨다. 얼마 후 3~4번 크게 흔들어 먼지를 턴 뒤 헐겁게 접어 수납한다. 옷걸이에 계속 걸어 두면 형태를 망치게 된다.

- 캐주얼 셔츠 입는 법

티셔츠, 스포츠 컬러 셔츠, 폴로셔츠, 럭비셔츠, 웨스턴셔

츠 스웨트셔츠 등을 통틀어 캐주얼셔츠라 부른다. 일상생활
에서 널리 활용되고 있지만 잘 입기는 의외로 쉽지 않다.
재킷이나 바지를 먼저 선택한 후 그에 맞는 셔츠를 고르는
것이 순서이다. 색상뿐 아니라 소재도 조화가 잘돼야 한다.
스프레이나 무스로 헤어스타일에 변화를 주면 더욱 신선해
보인다.

　- 베이직 스포츠웨어 잘 입기
　테니스, 골프, 승마 등 스포츠를 즐길 때 입는 옷을 말한
다. 초보자일수록 한 벌로 확 빼입는 경우가 많은데 아무래
도 촌스러워 보인다. 대부분의 스포츠웨어가 한 벌로 되어
있지만 구입할 때 편리한 것을 제외하곤 오히려 패션 연출
에 방해가 되니 단품으로 구입해 다양한 코디네이션을 즐
긴다. 단추, 지퍼, 주머니 등이 과장된 디자인도 좋지 않다.
기능성이 살아 있는 단순한 스타일을 선택한다. 디자이너
이니셜이 들어 있는 옷은 되도록 피한다. 다른 사람의 이름
이 새겨진 옷은 아무래도 부자연스럽다. 무엇보다 중요한
건 소재다. 순면, 순모 등 천연소재를 고른다.

　② 여성
　정장은 직장인들의 기본적인 차림이다. 정장의 기본색상
인 검은색이나 회색 계통은 세련된 느낌을 주고 옅은 파스

텔톤은 차분한 이미지를 준다. 그러나 검정, 회색, 감색 등 어두운 색상의 여성복은 다소 침체된 느낌을 주거나 나이가 들어 보일 수 있기 때문에, 밝고 화사한 셔츠블라우스나 스카프 등 포인트가 될 수 있는 액세서리로 활용해 신선한 이미지를 연출하는게 좋다. 파스텔톤의 화사한 정장엔 어두운 톤의 셔츠로 차분한 이미지를 내는 것이 좋다. 또 아래위 한 벌의 정장 슈트가 딱딱하게 느껴지면 세미 정장풍으로 꾸민다. 재킷 대신 카디건을 응용하는 앙상블 스타일(셔츠＋스커트＋카디건)은 실내에서 편안하면서도 여성스러움을 부각시킬 수 있다.

－남성적인 느낌의 바지정장

바지정장은 활동적이고 당당한 느낌을 낸다. 하지만 바지정장은 대체로 장식이 없이 절제된 디자인의 남성적인 분위기가 강하므로 여성스러운 느낌의 셔츠나 블라우스로 지나친 당당함을 부드럽게 마무리하는 것이 효과적이다. 또 짙은 색 정장을 선택할 땐 가는 줄무늬가 있거나 광택 있는 소재를 선택하면 보다 현대적인 느낌을 낼 수 있다. 정장 재킷 안에 흰색 셔츠를 입으면 깨끗함과 신뢰감을 더해주고 파스텔 색상의 블라우스나 프릴 블라우스를 입으면 여성스러운 느낌을 준다.

- 여성스러운 치마정장

검정, 회색, 감색, 베이지 등 기본색상의 치마정장은 필수 아이템이다. 흰색이나 파스텔톤의 화사한 단품 재킷과도 잘 어울려 다양한 스타일 연출이 가능하다. 치마정장의 재킷 안에는 흰색 셔츠 또는 줄무늬 셔츠나, 둥근 목선의 스웨터를 매치한다. 치마 길이는 무릎이 살짝 드러나거나 가볍게 덮는 길이(무릎 선을 기준으로 위아래로 5㎝ 정도)가 가장 적당하고, 여성스러운 A라인(치마 밑단으로 갈수록 약간 퍼지는 스타일)이나 H라인(위아래가 같은 폭의 일자라인)을 선택한다. 폭이 너무 넓거나 좁은 것, 길이가 너무 짧거나 긴 것, 트임이 깊은 치마도 피한다. 상의와 하의를 신경 쓰지 않아도 되는 원피스정장도 추천할 만하다. 디자인은 셔츠 컬러 모양에 무릎선 정도 오는 길이의 단정한 것이 좋다. 색상도 검정이나 감색, 베이지 등 기본색상이 무난하며, 원피스와 같은 소재의 벨트 장식 디자인도 깔끔해 보이게 한다.

- 세련된 믹스 & 매치

1주일 내내 한 벌 정장차림으로 출근한다면 융통성이 없어 보이기도 하고 딱딱한 느낌을 줄 수 있다. 위아래가 서로 다른 색상과 소재의 재킷과 치마로 개성을 표현해 보도록 한다. 은은한 그린색의 트위드 소재 재킷과 흰색의 A라인 치마를 선택해 보자. 정장 느낌을 내면서 서로 다른 색상과 소재의 믹스&매치로 밝고 경쾌한 분위기를 연출할 수 있다. 베이지 재킷에 짙은 밤색 치마나 바지를 선택하면 차분하면서도 고급스러운 개성을 드러낼 수 있다.

좀 더 개성 있는 스타일을 연출하려면 단품 아이템을 다양하게 활용한다. 겨울에서 봄으로 넘어가는 간절기에 가장 실용적인 아이템인 카디건을 적극 활용해 보자. 소매나 컬러 부분에 볼륨감을 준 스타일은 여성스러운 분위기를 연출하기에 좋다. 니트 카디건은 재킷보다 여성스럽고 부드러운 이미지를 부각시키는 아이템이다. 셔츠와 스커트 또는 셔츠와 바지를 입을 때, 재킷 대신 니트 카디건을 입으면 한결 부드러운 이미지를 낸다.

✦ 스타일링시 주의 점 ✦

- 남과 다르게 보이는 것이 나쁘지는 않지만 너무 튀는 것은 역효과
- 옷을 잘 입은 사람들의 옷차림을 관찰
- 가능한 단정하고 깨끗한 모습을 유지
- 신뢰감과 자신감 있게 보이고 싶다면 짙은 색의 정장에 파워 넥타이를 맴
- 늘씬하게 보이도록 옷을 입음
- 셔츠나 블라우스로는 흰색이 가장 무난함
- 신발은 항상 정장보다는 짙은 색
- 유행에 너무 민감한 옷차림은 남의 시선을 의식하는 의존적인 사람으로 인식
- 무엇보다도 입어서 편안한 옷을 입고 자신감을 가짐

2) 메이크업과 헤어

① 남성

요즘 남성들도 기초화장뿐 아니라, 기본 베이스 색조화
장은 젊은 계층을 중심으로 많이 보편화되고 이에 따라 남
성 화장품 시장도 많이 커지고 있는 추세이다.

남성 메이크업의 가장 중요한 포인트는 자연스러움이다.
메이크업 한 것을 눈치채지 못하게 하면서 어딘지 모르게
깨끗하고 깔끔해 보이도록 하는 것이 중요하다.

- 피부표현

리퀴드 파운데이션이나 크림 파운데이션에 로션을 섞어
연하게 사용하며, 색상은 자신의 피부색과 같거나 좀 어둡
게 하는 것이 무난하다.

- 눈썹

어떤 모양이 나게 그리기보다 자신의 눈썹 형태에서 깔
끔하게 정돈하고 색상만 조금 진하게 해 준다.

- 입술

립스틱으로 색상을 칠하기보다 입술 구각 부분만 살짝
라인을 그려준 후 립글로스를 발라주어 건강해 보이는 입

술로 연출한다.

－헤어 손질

남성의 첫인상에서 메이크업보다 중요하고, 신경을 많이 쓰는 부분이 헤어이다. 활기차고 청결해 보이는 이미지 창출을 위해 피부 손질뿐만 아니라 두발에도 신경을 써 헤어드라이어를 이용한 스타일링을 시도해보면 그전의 모습보다 훨씬 세련된 자신을 발견할 수 있다.

헤어무스, 헤어스프레이, 헤어크림, 포마드, 헤어스타일링 젤 등을 이용하여 한층 깔끔하게 자신을 연출해 본다. 머리 모양을 만들 때에는 세발 후 드라이어로 물기를 어느 정도 닦아 낸 다음 약간 촉촉한 상태에서 정발료를 바른다. 그러고 나서 헤어드라이어를 이용하여 자신의 얼굴형에 어울리는 머리 모양을 만들어 준다.

② 여성

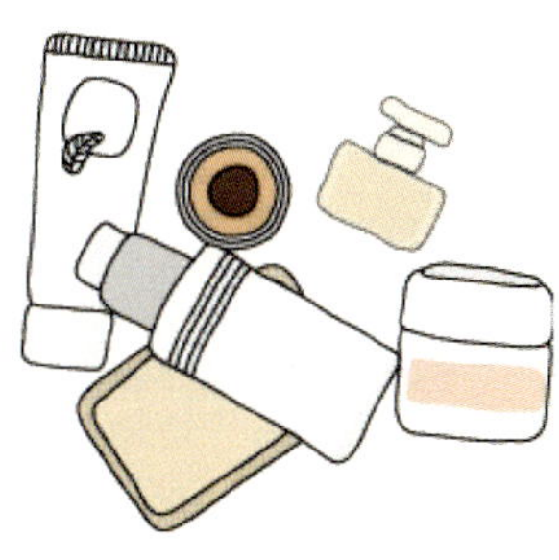

가장 자연스럽고 가장 자신 있게 자신을 표현하는 일이 중요하다. 당신에게서만 연출될 수 있는 화장술로 변신해 본다. 화장의 기본목적은 여성을 아름답게 만드는 데 있다. 그러나 아름다움이란 걸

코 하나의 모습이 아니다. 각자의 생김새가 다른 것처럼 거기에서 표현되는 아름다움도 다를 수밖에 없다. 직장 여성이거나 혹은 사회 초년생이라면 자신만의 독특한 자연미와 개성미를 표현하기 위해 깨끗하고 청결한 이미지의 자기 얼굴에 어울리는 화장과 이미지 연출이 중요하므로 헤어스타일, 메이크업, 의상, 구두 등 토탈패션에 주목할 필요가 있다.

- BASE

파운데이션 색상은 본래의 피부색보다 밝은색을 선택하되 2 - 3가지 색을 조색하여 사용하면 더욱 자연스러운 피부색을 표현할 수 있다. 적당량을 취해 가볍게 두드리듯 펴 바르고 페이스 파우더를 파운데이션 위에 덧발라 주어 자연스러우면서도 투명감 있는 피부톤을 연출한다.

- EYE

눈매를 매력적으로 표현하고 풍부한 표정을 만드는 것이 눈 화장의 목적이다. 눈은 얼굴에서 가장 중요한 부분으로 눈 화장을 할 때에는 눈을 커 보이도록 하는 것보다 얼굴 전체와의 조화가 가장 중요하다. 아이섀도 색은 의상색, 피부색, 모발색, 각자의 개성, 기호, 계절의 유행색, 눈의 형태에 따라 선택한다. 기본색상을 눈두덩이 전체에 넓게 펴 바른 후 포인트 색상을 눈동자 중심에서 바깥쪽으로 언더라인까지 연결 지어 발라준다. 좀 더 입체감을 주기 위해서는 눈썹 뼈에 하이라이트를, 콧벽에는 노스새도를 해 준다.

- EYE LINE

눈을 더욱 선명하고 크게 보이기 위해 아이라인을 그린다. 아이라인은 속눈썹에 가깝게 그리는데 위 라인은 손을 뺨에 고정시킨 다음 그리면 잘 그릴 수가 있다. 언더라인보다는 얇게 그리며 사회 초년생이거나 자연스러운 눈매를 연출하기 위해서는 펜슬타입으로 눈매를 선명하게 해 주고 포인트 컬러의 아이새도를 눈언더라인과 라인을 따라 살짝 발라준다.

- EYE BROW

눈썹은 자신의 이미지를 좌우하기 때문에 얼굴형에 좀 더 깔끔하고 깨끗한 이미지를 주기 위하여 얼굴형에 어울리도록 눈썹을 수정한 후 아이브로우 펜슬로 자연스럽게 그린다.

- MASCARA

속눈썹을 짙게 표현하여 눈에 깊이를 준다. 마스카라 브러쉬에 적당액을 묻혀 위에서 아래로 쓸어내린 후 다시 밑

에서 위로 컬하면서 올려주며 아래 속눈썹은 브러쉬를 세
운 채로 한 올 한 올 정성껏 발라준다.

- LIP

입술은 얼굴의 밝고 어두운 표정을 연출한다. 또한 얼굴
에서 두 번째로 시선이 가는 곳이다. 그리고 아이메이크업
을 돋보이게 한다. 입술색은 의상, 피부색, 아이새도 색상
과 조화를 이룬다. 파운데이션으로 본래의 입술모양을 없앤
후 립브러쉬로 원하는 입술 모양대로 선을 그려준다. 입술
선에 따라 립스틱을 바르고 티슈로 가볍게 눌러준 다음 립
그로스를 입술 안쪽에 살짝 덧발라 윤기를 더해 준다.

- CHEEK

볼 화장은 화장의 전체적인 분위기나 얼굴의 혈색 등을
좌우하므로 색이 두드러지지 않도록 자연스럽게 표현한다.
눈초리에서 입술을 향해 자연스럽게 바르되 코끝의 선에서
아래로 내려오거나 정면에서 볼 때 눈동자보다 코에 가깝
지 않도록 하는 볼 화장이 기본이다. 얼굴형에 따라 둥근형
은 다소 길게, 긴 형은 짧게 바르면 윤곽 수정효과는 물론
젊고 건강하게 보인다. 안색이 나쁘면 피곤해 보이고 분위
기도 어두워 보인다. 평소 혈색이 나쁘다는 얘기를 들어온
사람이라면 건강해 보이고 생기 있는 피부를 보여 주기 위

해 핑크 계통의 파운데이션과 볼연지가 적합하다. 반대로 볼이 붉은 사람은 파운데이션과 케이크루즈를 황갈색 계통 의 짙은 색을 선택하여 볼을 컨트롤해 준다.

3) 패션의 완성, 액세서리

아무리 고급스러운 정장이라도 그에 걸맞은 액세서리를 갖추지 못하면 값어치를 다할 수 없다. 구두, 벨트, 양말 등 액세서리는 멋 내기의 마감재이자 신사숙녀의 품격을 결정하는 기준이 된다.

① 구두

스타일에서 가장 중요한 포인트는 가방과 신 발이다. 아무리 옷을 잘 입었다고 해도, 가방과 신발이 옷과 어울리지 않는다면 소용이 없다. 먼저 구두는 기본적으로 옷의 색상과 맞춘다.

겨울이 되면 정장에 발목 부츠를 신은 사람 을 볼 수 있다. 정장 바지에 농구화를 신는 것처럼 우스꽝 스러운 일이다. 구두는 옷의 격식에 따라 가려 착용해야 할 대표적인 액세서리다. 무엇보다 가죽 소재의 고급제품이라 야하며 연미복처럼 꼭 에나멜 구두가 필요한 차림이 아니 라면 번쩍거리는 소재는 피한다. 구두에도 족보가 있어 어 울리는 복장이 따로 있다. 신발을 살 때는 그것 자체로 보기 좋은 것보다는 어떤 옷에 신을까를 늘 생각한다. 검정색과 갈색이 기본이다. 여성의 경우라면 디자인은 너무 높은 하이힐이나 뾰족한 앞코보다는 앞코가 둥글고 중간 굽의 발이 편한 구두가 보기에도, 신기에도 안정감을 준다. 스타킹은 피부색과 가장 비슷한 색을 고르는 것이 무난하지만 검정, 감색 등 짙은 정장이라면 치마 색상과 같은 색으로 맞추는 것도 센스 있는 차림이다.

② 벨트와 가방

벨트는 반드시 정장용과 캐주얼용을 구분해 매야 한다. 기본적으로 슈트, 구두의 색상과 맞아야 하고 고급스러운 가죽제품으로 눈에 너무 띄지 않는 것이 좋다. 벨트는 폭이 넓을수록 캐주얼해 보이는데 일반적으로 바지에 달린 고리 폭의 80% 정도가 적합하다. 색상은 슈트보다 진한 것이어야 하며 슈트 색상이 검정, 청색, 회색 계열일 때는 검정색 벨트를, 밤색 계열일 때는 같은 밤색 계열을 선택한다. 버클 색상은 금색, 은색 등 다른 보석 장신구와 조화를 이루어야 한다. 길이는 버클에 건 후 바지의 첫 번째 벨트 고리를 지나는 정도가 좋다. 가방 역시 구두와 마찬가지로 옷의 색상과 맞춘다. 크기는 약간 큰 사이즈의 직사각형 스타일로 맬 수도 있고

들 수도 있는 어깨끈 달린 토트백을 선택하는 것이 실용적이다. 서류용, 여행용 등으로 구분해 사용한다.

③ 장신구

흔히 타이핀이라 부르는 제품의 정식 명칭은 타이 홀더(Tie Holder)다. 셔츠 앞단에 타이를 고정시키기 위해 사용하는 것이다, 핀 스타일의 스톡핀 외에 타이 클립, 단춧구멍 고정 장치와 체인으로 연결된 타이택 등이 있다. 타이 홀더를 사용하면 옷차림이 한결 절제되고 산뜻해 보인다. 그러나 너무 크고 번쩍거리는 것은 좋지 않다. 무늬 없이 금으로 만들어진, 단순한 바(bar) 형태나 작은 클립이 가장 좋다. 타이 홀더처럼 시계도 너무 두드러지지 않은게 좋다. 얇고 단순한 디자인, 은은한 빛이 나는 제품을 고른다. 남성용 장신구는 색상을 통일하는 것이 기본이다. 금색 타이 홀더를 사용했다면 시계, 커프 링크스도 금색이어야 신사답다.

④ 포켓치프

손수건과 포켓치프를 공용하는 경우가 있는데 이는 격식에 맞지 않는다. 따로 마련해 사용한다. 가장 좋은 포켓치프는 흰색 리넨으로 만들어진 것이다. 아니면 실크 소재 무지나 페이즐리, 도트 패턴이 좋다. 타이와 어울리는 것을 고르는 것이 가장 좋다. 실크 타이를 맸을 땐 풀 먹인 리넨이 좋고 양모나 면 소재 타이에는 실크 포켓치프가 제격이다.

⑤ 스카프와 머플러

스카프는 정장에도 어울리는 액세서리다. 실크, 레이스 등 고급 소재의 고가품을 구입해야 후회가 없다. 매는 법은 특별히 정해져 있지 않으나 셔츠 안쪽에 감아 내려 볼륨감 있게 하거나 셔츠 바깥쪽에 둘러 풍성함을 강조한다. 어느 쪽이건 꼭 죄는 것은 좋지 않다. 머플러 역시 한 장이라도 고급품을 선택한다.

커리어를 쌓은 베테랑뿐 아니라 사회 초년생에게도 자신의 이미지 연출을 위한 전략적 옷차림이 필요하다. 기존의 학생느낌을 벗고, 풋풋함을 간직하면서도 신뢰감을 주는 모습으로 바뀌어야 하기 때문이다. 옷차림은 사회에 첫발을 내딛는 곳에서 그 사람의 첫인상과 이미지를 결정하는 중요한 역할을 하기 때문에 회사 분위기와 잘 어울리도록 입는 것이 중요하다. ㈜비키 디자인실 이선화 실장은 "어떤 회사, 어느 부서에서 일하든지 중요한 것은 첫인상"이라며 "깨끗한 이미지와 신뢰감을 줄 수 있는 옷차림이 중요하다."고 강조했다.

여성 직장인들에게 커리어우먼을 상징하는 스타일은 단순하면서도 현대적인 미니멀한 정장이 대표적이다. 스커트 정장이든 바지정장이든 상관없이 심플한 정장이 깨끗하고 단정한 이미지와 신뢰감을 줄 수 있는 스타일로 꼽힌다. 게 다가 심플한 정장은 활동적이어서 일하기에도 편하다. 몸매가 너무 드러나는 옷, 가슴 부분이나 스커트 트임이 깊어서 노출이 심한 옷은 신입사원 옷차림에 맞지 않고, 일하기에도 불편하므로 피하는 게 좋다. 또 한눈에 알아볼 수 있는 로고 디자인의 값비싼 명품 옷이나 장신구 또는 최신 유행 스타일도 적절치 않다. 주머니가 여러 개 달린 작업복 스타일의 카고팬츠, 7부 길이 바지, 쫄바지, 미니스커트, 모자 달린 티셔츠, 커다란 프린트 장식의 면 티셔츠 등 튀는 단품도 피해야 한다.

남성의 경우 깔끔한 인상을 주는 검은색 또는 짙은 청색 정장과 흰색이나 푸른색 계열의 셔츠 차림에 사선 줄무늬 타이로 포인트를 주는 것이 기본이다.

✦ 옷장 정리 ✦

일단 옷장 속에 기본 아이템부터 충실히 채워 두자. 흰색 셔츠, 일자형 다크 블루 데님 팬츠, 투 버튼짜리 검정색 재킷, 레이어드해서 입을 라운드 넥 티셔츠, 흰색 셔츠라고 해도 정말 다양하다. 컬러부분이 버튼 다운된 것부터 정통 드레스 셔츠, 견장이나 아웃 포킷이 달린 것까지 종류는 무궁무진한데 이 중 가장 베이식한 건 꼭 하나 갖고 있어야 한다. 청바지의 경우, 꼭 촌스런 남자들이 너덜너덜하게 워싱되고 디테일 많은 걸 입는다. '오버'할 바에는 차라리 안 입는 게 낫다. 잘 고를 자신이 없다면 무조건 짙은 블루 컬러의 기본 스트레이트 스타일을 택하는 것이 좋다.

몸이 날씬하면 티셔츠에 청바지만 입어도 폼이 난다는 말은 진짜다. 다니엘 헤니라면 G 마켓에서 산 몇 천 원짜리 티셔츠만 입어도 스타일이 살아난다. 하지만 8등신의 근육질 몸매는 하루 이틀 만에 만들어지는 게 아니니 약간의 스타일링 트릭이 필요하다.

첫째, 체형 커버엔 잘 재단된 슈트가 최고다. 물렁물렁한 군살도, 빈티 나는 앙상한 몸매도 틀이 잘 잡힌 슈트 재킷 속에 숨길 수 있다.

둘째, 스트라이프는 입는 사람은 길어 보이고, 또 세련되어 보이게 한다. 특히 얇은 핀스트라이프는 웬만해선 누구나 다 어울린다.

셋째, 25살이 넘으면 티셔츠보다는 셔츠와 친해지자. 넥타이 없이 버튼 두 개를 열고 입은 셔츠는 정말이지 사람을 스마트해 보이게 한다. 단, 사이즈가 잘 맞아야 하고, 요란한 프린트(특히 꽃무늬나 빅 프린트)는 입지 않도록 한다.

넷째, 청바지는 물론 슈트 팬츠에도 신을 수 있는 블랙(혹은 짙은 브라운) 가죽 스니커즈는 꼭 필요하다. 유행이라고 실버나 골드 컬러에 로고까지 빨강색으로 장식된 스포츠 브랜드 스니커즈를 제대로 소화하려면 내공이 필요하다.

끝으로, 얼굴 분위기와 스타일은 반대로 설정하기. 즉 얼굴이 '범생이' 분위기이라면 반대로 스타일은 대담하게. 힙합 풍의 배기진 팬츠나 오버 사이즈 패딩 파카에 그래픽 프린트 티셔츠 입기를 시도하고, 얼굴이 카리스마 넘치는 분위기라면 모노톤의 깔끔한 스타일로 연출하는 게 훨씬 멋지다.

4) 향수

향수는 프랑스어로 Parfum이라고 하고 영어로는 perfume이라고 한다. 향수의 어원은 '연기를 통하여'라는 라틴어 Per fumare에서 유래됐는데, 향을 피우고 제사를 지내는 동양의 종교의식에서 비롯됐다. 동양의 문화를 이어 서양에서도 향은 신에게 경의를 표하기 위해 사용됐다.

이 외에 그리스에서는 향기 있는 식물을 태워 그 향으로 질병을 없앤다고 믿었고, 이집트에서는 태양열이 강한 탓에 기름에 향료를 섞어 미용 필수품으로 사용했다고 한다.

① 향수의 종류

향수의 종류는 농도에 따른 분류와 향료에 따른 분류가
있다.

* 부향률(농도)에 따른 분류

- 퍼퓸(perfume, parfum, extract)

방향 제품 가운데 농도가 가장 진하고 풍부한 향을 지닌
다. 퍼퓸은 알코올 70~85%에 향 원액이 15~30% 정도 함
유된 것을 말하며 사용되는 알코올의 농도는 90~95% 정
도이다. 향은 약 12시간 정도 유지된다.

- 오드 퍼퓸(eau de perfume)

퍼퓸과 오드 뚜트왈렛의 중간 타입이며 퍼퓸에 가까운
풍부한 향을 지니고 있다

알코올 72~92%에 향 원액이 8~15%로 퍼퓸 다음으로
농도가 짙다

농도가 80~90%인 알코올을 사용하며, 향의 지속시간은
7시간 전후이다.

- 오드 뚜왈렛(eau de toilette)

향이 엷은 편이지만 신선하고 상큼해서 간편하게 전신에

뿌릴 수 있어 가장 많이 이용되고 있다. 6~8%의 향료를 농도가 80% 정도인 알코올에 부향시킨 제품으로 향의 지속시간은 3~4시간 정도이다.

- 오드 코롱(eau de cologne)

오드 코롱은 알코올 93~95%에 향 원액이 3~5% 함유된 제품으로 향의 지속시간은 1~2시간 정도이다. 오드 코롱에 사용되는 알코올은 농도가 70% 정도로 알코올 특유의 자극적인 냄새가 없어 향이 부드럽다

가볍고 리프레시한 효과가 있기 때문에 운동 후나 목욕 후 전신에 사용하기 좋은 제품이다.

- 샤워 코롱(shower cologne)

3~5%의 낮은 함량의 향 원액을 함유하고 있어 목욕이나 샤워 후에 가볍게 사용하기에 좋은 제품이다. 향이 은은하면서도 전신을 산뜻하고 상쾌하게 유지시켜 주며 몸의 악취를 제거해 준다.

* 향의 계열에 따른 분류

향에 따른 분류는 향의 기본 성격과 지속적인 향기에 따라 다양한 종류가 있지만, 간단히 정리하면 다음과 같다.

향은 3part로 구분된다.

- 탑 노트: 향의 첫 느낌으로 뿌린 후 5~10분 사이의 향
- 미들 노트: 향의 중간 느낌으로 뿌린 후 30분~1시간
  사이의 향
- 베이스 노트: 향의 마지막 느낌으로 2~3시간 후의 향
  을 말하는데,

② 향수 사용 시 유의점
- 향수를 잘 이용하면 자기 연출에 도움이 되지만 그렇
  지 못하면 오히려 역효과
- 맥이 뛰는 손목 안쪽이나 귀 뒤쪽에 뿌림
- 향은 밑에서 위로 퍼져 나가므로 양복 안단이나 무릎
  뒤쪽에 뿌리는 것도 괜찮음
- 지성 피부인 사람은 대체로 자신의 체취가 강하므로
  깨끗하고 단순한 향을 사용
- 건성 피부인 사람은 피부에 오일종류를 바른 후 향수
  를 사용하면 향을 오래 지속시킴

5) 표정 이미지

우리 옛말에 "벼룩도 낯짝이 있지……" 표현이 있다. 낯짝은 얼굴을 비하한 말이지만, 여기서 얼굴은 곧 체면을 뜻한다. 이는 체통을 중시하는 우리나라 국민성을 말하는 것이다.

얼굴은 '얼(孼)이 드나드는 굴(窟)'이라는 뜻이라고도 한다. 혼(얼)을 소중히 여겨 신이 나면 '얼씨구' 하며 흥을 돋우고, 정신 나간 사람은 '얼빠진' 친구라고 한다. 이처럼 예부터 얼굴은 언어보다 더 뛰어난 커뮤니케이션 수단이었다. 하다못해 눈썹을 내리깔거나 올리는 것만으로 사람의 심사를 그대로 드러낸다. 따라서 이미지 메이킹에 있어 자신의 표정을 관리하는 것이 첫인상에 끼치는 영향이 크다고 할 수 있다.

얼굴은 마음을 담는 거울이다. 밝게 웃으면 자율신경계가 안정되면서 뇌에서 분비되는 스트레스 호르몬인 아드레날린이 줄어든다. 마음이 편해지면 얼굴도 다시 밝아져 마음이 즐거워지는 선순환의 고리가 형성된다. 권위보다는 겸손을, 위선보다는 진심을, 우울함보다는 건강함을 담는 얼굴은 자신의 마음가짐에 달려 있음을 알아야 한다.

① 시선

- 자연스럽고 부드럽게 상대방의 눈을 본다.

- 눈동자는 항상 중앙에 위치하도록 한다.

- 상대방의 눈높이와 맞춘다.

② 미소 짓는 법과 얼굴근육 훈련

미소가 주는 효과는 상대방에게 호감을 높이기도 하지만 건강증진과 마인드컨트롤효과가 있어 일의 향상을 가져오기도 한다.

얼굴에는 80여 개의 표정근육이 있어 다양하고 미묘한 표정을 만들어 낸다. 그런데 이 표정근도 쓰기 나름이다. 평소 밝은 심성을 갖고, 늘 웃는 모습을 하면 50여 개의 근육이 움직이고, 입술 주변의 거근(윗입술을 들어 올림)과 협골근(입술 끝을 위쪽으로 끌어 올림)이 발달해 U자형으로 입꼬리가 올라간다. 하지만 시무룩하거나 근엄하신 분들은 입술 끝의 근육이 퇴화해 늘어지면서 험상궂은 인상으로 변한다. 표정근이 발달하면 얼굴에 생기가 돌고, 인상이 부드러워지며, 대인관계가 좋아진다. 삶의 깊이와 연륜을 보여 주는 풍부한 표정에는 그 사람의 인품이 묻어난다. 품격 높은 얼굴을 만드는 것은 성형이 아니라 바로 자신이라고 강조하는 말이다.

- 평소 거울을 보고 표정근 운동을 한다.
- 웃는 얼굴이 매력적이라고 칭찬받은 적이 있다.
- 미소 지을 때 입술을 최대로 벌린다.
- 미소 지을 때 되도록 이가 많이 보이게 웃는다.
- 미소 지을 때 입술 끝이 위로 향하도록 노력한다.
- 항상 얼굴에서 미소가 떠나지 않는다.
- 사진을 찍을 때 자연스럽게 웃는 얼굴을 취한다.
- 미소 지을 때 손으로 입을 가리지 않는다.
- 미소 짓는 얼굴이 건강에 좋다고 생각한다.
- 우울할 때도 웃으려고 노력한다.

8개 이상: 당신의 스마일 파워는 만점
6개 이상: 보통으로 좀 더 보완 필요
4개 이상: 다소 문제 있다. 개선 노력 필요
3개 이하: 대인관계에 심각한 문제. 개선 필요

출처: 나는 스마일을 디자인하는 남자, 김석균 저, 석필, 2001.

- 얼굴근육은 좁은 공간에 여러 섬세한 근육이 각각의 방향으로 기능을 한다. 30여 개 근육이 서로 밀고 당기며 다양한 표정을 연출한다. 이 중 큰 표정에 관여하는 근육은 이마와 눈, 그리고 입술 주위에 포진해 있다. 전두근은 이마의 주름살을 만들고 눈썹을 올려 놀라움을 표현한다. 눈살을 찌푸리고, 비탄에 잠길 때는 추미간이 움직여 눈썹 사이(미간)에 두 개의 주름을 만든다.

- 입술을 둘러싼 구륜근은 키스를 위해 입을 내밀 때 사용한다. 여기에 윗입술을 들어 올릴 때는 거근을, 미소를

짓거나 기분 좋을 때 입술을 위와 뒤쪽으로 끌어올리는 때는 협골근이 움직인다. 동양인은 서양인보다 입꼬리가 잘 처진다. 이렇게 심통이 난 표정이 되는 것은 근육 구조가 다르기 때문이다. 따라서 서양인은 가만히 있어도 웃는 모습을 보이는데 한국인을 비롯한 동양인은 시무룩한 표정이 된다는 것이다.

6) 매너(manner)

매너(manner)란 겉치레가 아니라 한 사회의 문화이며, 사회생활의 기본 규범이라고 할 수 있다. 사회생활 속에서 사람은 누군가의 기대를 받고, 또 누군가에게 자신을 보여 주어야 하는 존재이다. 결국 매너로 상대에게 보이고 기대되는 나를 규격화하는 행동양식이라고 할 수 있다.

다음의 내용은 사회생활을 하면서 알고 있으면 도움이 되는 매너들을 정리해 보았다.

① 직장에서의 매너

직장이 당신의 무대라고 생각하고, 회사 내 미팅을 통해서 당신의 좋은 이미지를 개발하고 또 나타내는 것이 좋다. 이를 위해 아래의 사항을 유의하자.

ㄱ. 직장생활에서 당신의 이미지를 해치는 요소
- 책상 위의 물건이 지저분하게 있음
- 땀 냄새, 향수 냄새, 음식 냄새, 담배 냄새
- 전화가 계속 울리게 내버려 두는 것
- 계속 잡담하는 것
- 항상 늦게 나타남
- 일에 대한 욕심 때문에 일만 함
- 아첨하고 다른 사람의 흠을 잡음
- 은근히 다른 사람의 약점을 말함

ㄴ. 다른 동료와의 관계 속에서 바람직한 이미지를 연출하는
   방법
- 친절한 말과 행동으로 표현
- 동료와 다른 직원의 개인적 공간을 존중
- 다른 사람을 배려
- 개인적인 일을 공론화시키지 말 것
- 가능하면 좋은 기분을 갖도록 함
- 자신의 기분 나쁜 상태를 내보이지 않도록 함
- 동료와 퇴근 후 만남을 완전히 떨쳐 버리지 말 것
- 개인생활과 직장생활을 구분

ㄷ. 미팅(회의)의 매너

- 특히, 회의 자리에서는 자리배열에 유의한다.

: 일반적으로 가운데 자리가 좋다고 생각하겠지만, 실제로는 상대가 보기에 맨 오른쪽 자리가 제일 좋다고 한다. 커뮤니케이션 행태 연구에서 '스틴저 효과'라는 이론을 정립한 미국 심리학자 스틴저에 따르면 누구나 무의식적으로 적(상대방)의 정면에 앉는 버릇이 있다고 한다. 예전에 입씨름했던 사람이 정면에 앉는다면 공격의 기회를 엿보고 있다는 신호라는 얘기다. 또한 맨 오른쪽은 이른바 '친근 효과'가 작용하는 자리이기도 하다. 인간은 주로 왼쪽 뇌가 발달돼 있어서 책을 읽거나 사물을 관찰할 때 왼쪽에서 오른쪽으로 시선을 옮기고 가장 오른쪽에 있는 사물을 더 잘 기억하는데, 이는 니스베트와 닐슨이라는 심리학자가 실험을 통해 알아낸 사실이다.

- 결정권자 주변에 앉을 것
- 분위기를 모르는 경우, 누가 어디에 앉는지를 살펴본 후, 결정
- 메모지와 펜은 항시 준비

ㄹ. 미팅 시 피해야 할 표현과 바람직한 표현 방법

피해야 할 표현	바람직한 표현
- "이것은 별로 중요하지 않지만 ……" - "이럴 수도 있지 않을까요?" - "지금 이런 말을 꺼낸다는 것은 맞지 않을 수 있겠지만 ……" - "바보 같은 생각일지는 모르지만 ……"	- "제안하겠습니다." - "제 의견으로는 ……" - "다시 한 번 강조하면 ……" →자신의 생각을 정확하고 자신 있게 표현

ㅁ. 미팅에서 해야 할 일과 하지 말아야 할 일

해야 할 일	하지 말아야 할 일
- 의식적으로 대화하기	- 비방하기
- 모임의 흐름 속에 자리 잡기	- 구석에 서 있기
- 대화 상대방 바꾸기	- 한 사람만 붙잡고 말하기
- 적합한 의상 갖추기	- 장식품으로 뒤집어쓰기
- 결정권자에게 다가가기	- 부하 직원하고만 대화하기
- 새로운 사람 사귀기	- 아는 사람하고만 대화하기
- 재치 있게 말하기	- 큰 소리로 웃음을 터뜨리기

② 식사 매너
- 당신이 주인라면 문 가까운 자리에 앉음
- 주인이 식탁에서 가장 먼저 잔을 듦

- 식사 시에는 심각한 주제의 대화는 하지 않음
- 먼저 자리를 뜰 경우, 주인에게 미리 말하고, 너무 눈에 띄는 인사는 하지 않고 살짝 감
- 공식적인 식사 초대 후에는 서면으로 감사의 편지를 띄움
- 손가방과 핸드폰은 식탁에 올리지 않음
- 식사 전에 음료수를 시킬 경우, 메뉴를 보고 마시킴.
- 동시에 식사가 제공되지 않으면, 마지막 사람이 받을 때까지 기다림

(만약에 마지막 사람이라면 다른 사람에게 먼저 먹으라
고 권함)
- 접시에 담겨져 나온 음식은 남겨도 됨
- 식사를 끝낸 후에는 주빈이 일어나자는 표시를 할 때
  일어남
- 식당에서 아는 사람을 만나면 식사에 방해되지 않게
  목례 정도의 인사를 함
- 누군가 당신에게 인사하려고 다가오면 일어남

ㄱ. 냅킨(napkin):
냅킨의 위치는 식사 중의 커뮤니케이션이라 할 수 있다.
- 호스트가 냅킨을 펼쳐야 식사의 시작
- 무릎에 있으면 식사 중
- 의자에 있으면 잠시 부재 중
- 식탁 위에 있으면 식사가 끝났음을 의미
- 사용한 냅킨을 반듯하게 다시 접으면 '세탁하지 말고
  다시 써라'라는 의미

ㄴ. 팁(tip)
서구사회에서 팁이란 제공받은 서비스에 대한 조그만 감
사의 표시
- 팁을 줄 때 가장 중요한 것은 적절성
- 팁을 주기에 적절한 장소인가

- 팁으로서 적절한 금액인가를 고려

팁에 대해서 인색하면 자칫 무례한 행동이 될 수 있고, 과도한 팁을 주는 것도 허세를 부리는 행동으로 간주된다. 보통 음식 값의 10~15% 정도로 생각하고 지불하면 된다.

③ 소개의 매너
- 남성이 여성에게 소개
- 아랫사람을 손윗사람에게 소개
- 여성의 경우 앉은 상태에서 소개받아도 실례가 되지 않으나, 상대 남성이 연장자이거나 상사일 경우에는 일어서는 것이 좋음
- 지위가 높은 사람이 다른 곳에 있을 경우 소개하는 사람은 손님을 동반하고 그곳까지 가서 소개함
* 명함을 줄 때와 받을 때
- 명함은 상대방을 아는 기본 자료
- 명함을 줄 때는 반드시 일어서서 오른손으로 주고받음 (경의를 표시)

이때에는 상반신을 약간 구부려 겸손하게 " - - - "라고 합니다. 인사말을 곁들이는 것이 좋음
- 자기 소속을 분명히 밝힘
- 읽을 수 없는 어려운 한자가 있는 경우에는 물어보는 것이 좋음

ㄱ. 악수와 장갑

* 악수

－악수는 상호 대등한 의미

－오른손으로 하는 것이 원칙

－악수를 하면서 상체를 굽히는 것은 바람직하지 않음

－악수는

・여성이 남성에게

・윗사람이 아랫사람에게

・선배가 후배에게

・기혼자가 미혼자에게

・상급자가 하급자에게

・국가원수, 왕족, 성직자 등은 기준에서 예외

* 장갑

－악수할 때 장갑을 벗음

－장갑을 낀 상태에서 악수를 할 경우:

우연한 만남으로 여성이 손을 내밀 때는 상대방을 기다리게 하는 것보다 '실례한다'라고 양해를 구한 후, 장갑을 낀 상태로 악수를 한다. 공식 파티(Receiving Line)에 서서 손님을 맞이할 때 장갑을 착용

－여성이 꼭 장갑을 벗어야 하는 경우는 승마 장갑 내지는 청소용 장갑을 꼈을 때

④ 전화 에티켓

- 통화내용을 메모하는 습관
- 상대방이 끊고 난 후, 수화기를 내려놓음
- 자기 이름과 소속을 밝히는 것이 기본
- 통화 도중 전화가 끊어지는 경우, 전화를 건 쪽에서 다시 건다.

⑤ 글로벌 에티켓

글로벌시대에 살고 있는 우리는 자주 해외에 방문하거나, 외국인과 접하는 경우가 많이 생긴다. 상대방의 문화를 이해하고, 그 나라의 예의, 즉 매너에 대한 사전 조사로 실수하지 않도록 해야 한다. 아래의 내용은 대표적인 글로벌 에티켓의 내용이다.

- 일본인에게 선물할 때에는 흰 종이로 포장하지 않음
  (흰색은 일본에서 죽음을 상징)
- 중국인에게는 괘종시계를 선물하지 않음
  (괘종시계처럼 종이 달린 시계는 중국에서 '끝낸다'와 죽음의 의미가 있으므로 선물로는 적합하지 않음)
- 자줏빛 꽃은 멕시코와 브라질에서는 죽음을 상징
- 유럽에서 짝수의 꽃은 불행을 가져옴
- 중동인에게 애완동물을 선물하지 않음
- 일본인과 대만인의 등 뒤에서는 손뼉을 치지 않음
- 프랑스인에게는 카네이션을 선물하지 않음
  (장례식에 쓰임)

7) 스피치 이미지

① 언어적인 메시지(verbal communication)

사람의 인품을 평가하는 기준으로 '인측신언서판(人測身言書判)'이라는 말이 있다. 몸가짐, 말씨, 필체를 사람을 평가하는 기준으로 쓴다는 말이다.

그만큼 사람에게 있어서 스피치 이미지는 중요한 부분을 차지한다.

면접 시 발음이 꼬이고 말이 헛나오는 경우는 긴장한 탓도 있겠지만 평소 당신의 말하는 스타일과 다르게 말을 하려고 하기 때문이다.

더 나은 말솜씨와 부드러우면서도 당당한 톤으로 스피치하려는 마음이 앞서다 보니 한 번 꼬인 말은 계속 꼬이게 되고 그러다 보니 목소리에 힘도 없어지게 되는 것이다. 말 잘하는 능력은 학습에 의해 키워 나갈 수 있는 능력이다.

머리를 가득 채우고, 가슴엔 자신감이 충만하다면 어떤 자리에서 누굴 만나도 말 잘하는 사람으로 인식될 수 있을 것이다.

말을 잘하기 위해서는 아래의 주의사항을 알아 두어야 한다.

첫째, 다른 사람의 얘기를 잘 들어야 한다.

말 잘하는 사람치고 남의 말을 경청하지 않는 사람은 없다. 상대가 무슨 말을 하는지를 제대로 들어야, 그에 맞게 적절한 말을 할 수 있지 않겠는가? 그리고 이렇게 경청하는 매너는 상대로 하여금 호감을 주기에 충분하고, 자신의 말도 상대가 경청하게 하는 데 효과적인 방법이다. 잘 듣는 것이 곧 잘 말하는 것의 시작인 것이다.

둘째, 시나리오 능력이 뛰어나야 한다.

머릿속에서 즉흥적으로 떠오른 말을 입으로 내뱉는 데에는 한계가 있다. 말 잘하는 사람들은 대개 미리 시나리오를 그려보고 말을 한다.

프레젠테이션이나 회의를 앞두고 미리 머릿속으로 내가 어떻게 얘기하면, 상대는 어떻게 얘기할 것이고, 그럼 난 어떻게 얘기해야겠다는 등을 미리 그려보는 것이다.

그러면 훨씬 체계적이고 논리적인 말하기가 될 수 있을 것이다. 무조건 생각나는 걸 입으로 내뱉기 전에, 한 번 머릿속에서 생각하고 판단해서 말을 하는 연습을 한다.

셋째, 자신감을 가지고 살아라.

말하는 능력에서 자신감은 50% 이상을 차지한다. 그렇다고 틀리거나 부정확한 얘길 자신감 있게 해서는 안 된다.

정확한 얘기를 자신있게하면 상대로 하여금 훨씬 더 높은 신뢰감을 얻게 된다. 아울러 설득도 쉽게 된다. 같은 말이라도 자신 있게 하는 것과 그렇지 않은 것은 차이가 크다.

절대 끝말을 흐려서도 안 되고, 부정확한 발음이어도 안 된다.

또박또박하게 자신의 말을 정확하게 자신 있게 전달하도록 노력해라.

자신감을 가지고 과감하게 말하는 게 필요하다. 그렇다고 큰 소리 뻥뻥 치란 얘기는 아니다. 자신감은 소리가 크고 작고의 문제가 아닌, 명확하고 당당함의 문제인 것이다.

넷째, 신속한 정보수집력이 필요하다.

새로운 얘기는 듣는 사람으로서도 집중을 잘하게 한다.

다들 아는 식상한 얘기를 거론하는 것이나 했던 얘기를 중복하는 것은 곤란하다.

정보수집력은 말 잘하는 사람의 필수자질이다. 특히 유행하는 트렌드나 이슈, 그리고 유머 등은 정보수집능력에 비례해서 말 잘하는 능력이 가늠되는 것이다. 자신만의 정보수집 경로를 만들어 두고, 꾸준히 새로운 정보를 업데이트해 나가는 것이 필요하다.

매일 주요 신문을 보는 것은 기본이고, 전문 분야 잡지는 꼭 구독해서 가치 있는 정보를 확보해야 하며, 필요한 뉴스레터는 꼬박꼬박 챙겨서 받기도 해야 한다.

특히 차를 타고 이동할 때 라디오의 시사프로그램이나 교양프로그램을 청취하는 것도 도움이 된다.

다섯째, 말할 때는 신중해야 한다.

말은 글과 다르게 한 번 내뱉으면 주워 담거나 고칠 수가 없다.

계속 줄줄 떠든다고 말 잘하는 게 아니다. 필요한 말을 신중하고 적절하게 잘하는 것도 중요하다. 말을 많이 하지 않더라도 충분히 말 잘하는 사람이 될 수 있다는 얘기다.

여섯째, 자신의 전문 분야에 대해서는 남들보다 아는 것이 많아야 한다.

자신이 알고 있는 분야의 얘기를 할 경우에는 말이 많아지게 되고, 말도 술술 자연스레 풀리게 된다. 누구나 공감하는 얘기일 것이다. 그렇다면 자신이 하는 일이나 전문 분야에 대해서는 상대보다 더 많이 알도록 준비하는 것이 필요하다.

대개 말을 잘 못 하는 사람이라 하더라도 특정 분야에 대해서는 상대적으로 말을 더 잘하는 경우를 보게 된다. 대개 그 특정 분야라고 하는 게 자신의 관심사에 해당되는 분야이다.

일곱째, 여유가 있어야 한다.

우선 앞에서 제시한 여섯 가지 요소를 갖춘다면 여유를 가지고 말을 해야 한다.

조급해지면 말도 빨라지고, 해야 할 말도 놓치게 된다.

여유를 가지고 말한다면 훨씬 더 조리 있고 차분하게 상대를 설득시킬 수도 있을 것이며, 유머나 재치도 자연스레 나온다. 절대 말할 때 흥분하지 않도록 스스로에게 여유를 가지도록 당부해야 하고, 말하는 템포도 스스로가 적절히 조절할 줄 알아야 한다.

말하는 것은 상대방과의 커뮤니케이션이다.

일방적으로 속사포처럼 떠들고 사라진다면 그건 말을 한 것이 아니라 소음을 만든 것이다. 최대한 밝은 미소와 여유로운 말이 훨씬 더 말 잘하는 사람으로 만들어 줄 것이다.

② 비언어적인 메시지(non-verbal communication)

사람들의 작은 움직임과 몸짓, 표정에 담긴 의미를 읽는 법을 알면, 다른 사람의 생각과 감정을 제대로 이해할 수 있다. 연구에 의하면 사람들 간의 의사소통은 93%가 비언어적인 표현으로 이루어진다고 한다. 몸동작, 얼굴표정, 말하는 속도, 차지하는 자리, 향수, 액세서리, 헤어스타일과 같은 다양한 외적 요소들이 말보다 훨씬 더 설득력 있게 메시지를 전달한다.

사회생활에서 상대방에게 자신을 각인시키는 가장 중요한 역할을 하는 것이 첫인상이다. 그러므로 자신이 원하는 바를 이루기 위해서는 더 좋은 첫인상을 만들어야 하며, 좋은 첫인상을 만들기 위한 한 방법이 바로 신체언어를 잘 활용하는 것이다.

신체언어는 표정, 손 모양, 몸으로 취하는 자세, 여러 가지 다양한 움직임과 몸에 배인 버릇, 음조와 음성으로 이루어진다. 신체언어는 상대방에게 말하고자 하는 것을 몸으로 할 수 있는 모든 것을 포함한다.

이를 위해 앞에서 다루었던 의상, 메이크업, 액세서리, 향수 등을 제외한 자신의 자세부터 살펴보는 것이 중요하다.

평상시에 바른 자세를 갖기 위해서는 다음의 내용을 주의하자.

ㄱ. 자세

머리: 위에서부터 발끝까지가 하나의 선으로 연결된 듯한 느낌으로, 동시에 턱과 지면이 평행을 유지

어깨: 어깨에 지나치게 힘이 들어가 있으면 보는 사람이 피곤해 보임. 좌우의 높이가 같도록 몸을 폄

양손: 대기할 때는 손을 포갬

허리: 배의 근육을 등에 붙이는 기분으로 바싹 조이도록 함

등: 옆에서 봤을 때, 귀 - 어깨 - 허리 - 무릎 - 복사뼈 - 뒤꿈치가 일직선

발: 발의 움직임은 의외로 눈에 잘 띔. 똑바로 서 있는 경우, 양발, 뒤꿈치를 붙이고 발끝은 60 - 90도 정도로 벌림

ㄴ. 음성

아무리 잘 생긴 외모를 가졌다 할지라도 금속성의 날카

로운 음성이나 지나치게 굵거나 가늘어서 거슬리는 소리를 낸다면 호감을 느끼기가 어려울 것이다.

좋은 음성이란 부드럽고 톤과 음량이 넉넉하며, 차분하면서도 리듬감이 느껴지는 소리를 말한다.

음성이 좋은 사람들의 70-80%가 선천적으로 타고난 경우이고, 20-30%는 훈련에 의해 만들어진 경우라고 하는데 중요한 점은 훈련에 의해 타고난 목소리가 다듬어질 수 있다.

좋은 이미지를 가질 수 있는 몇 가지 음성 사용법은 다음과 같다.

첫째, 거침없고 고른 음성을 내기 위해서는 바른 자세가 필수적이다. 특히 다리를 꼬고 앉거나 등이 굽은 자세는 금물이며 가슴을 내밀고 배를 집어넣은 상태에서 바르게 호흡을 하는 습관을 갖도록 한다. 실지로 호흡을 어떻게 하느냐에 따라 음성은 상당한 차이를 보인다. 일반적으로 1분당 8-9회 정도의 길고 편안한 호흡을 연습하면 불안정한 목소리나 새는 듯한 소리가 나는 것을 방지할 수 있으며 한결 풍부한 음성을 가질 수 있다.

둘째, 목소리에 감정을 실어 다양하게 표현하도록 하는 방법이다. 같은 내용의 말이라도 단조로운 톤으로 말하는 것보다 상대방의 분위기나 하고자 하는 말의 내용에 따라 다양한 느낌을 주도록 연습하는 것이 중요하다.

첫인상이 순간적인 호감을 만들어 낸다면 음성은 지속적
으로 호감을 유지하는 역할을 해낸다. 평생 다른 사람들과
대화를 주고받으며 산다는 것을 고려해 볼 때 좋은 음성을
위한 훈련과 관리는 자신을 위한 가장 확실한 투자인 셈이다.

격식과 멋으로 입는 코트

사회생활이 많은 직장인에게 코트는 자신의 이미지 창출에 많은 도움이 되는 아이템이다. 따라서 코트에 대한 정확한 이해로 T.P.O(Time, Place, Occasion)에 맞는 차림으로 자신의 이미지를 상승시키도록 하자.

코트에도 나름의 격과 쓰임새가 있다. 계절 내내 한 가지 스타일만 고집하는 사람이 많은데 좀 부담스럽더라도 몇 가지 기본형을 갖춰 놓으면 확실한 멋쟁이가 될 수 있다.

코트를 고를 땐 가슴둘레보다 신장을 기준으로 한다. 옷길이는 오버 코트의 경우 무릎에서 약간 내려오는 정도가 적당하다. 더 긴 것을 좋아하는 사람은 아예 무릎 밑 15~20㎝를 선택한다. 발마칸 코트는 무릎 아래까지, 트렌치코트는 그보다 약간 긴 것을 고른다.

발마칸 코트 같은 박스형 코트는 입은 상태에서 뒤쪽 끝을 잡아당겼을 때 여유가 있어야 전체적인 실루엣이 보기 좋다. 컬러(color)는 편안하게 놓였는지, 치켜 올라가진 않았는지 살펴야 한다. 첫째 단추를 채웠을 때 주름이 잡히지 않아야 하며, 소매길이는 손목에서 약 15㎝가 적당하다. 어깨솔기가 없는 라글란 소매 코트의 경우 속에 입은 슈트의 어깨가 불룩 튀어나오지 않게 넉넉한 것을 고른다. 남의 집을 방문할 때나 파티에 참석할 때 코트는 현관에서 미리 벗고 들어가는 것이 예의다. 주인이 따로 걸어 두겠다는 뜻을 비치면 건네주고 그렇지 않을 땐 거실 한구석에 접어 둔다. 주인 허락 없이 의자나 옷걸이에 마음대로 걸어 두는 행동은 좋지 않다. 쇼핑 때 슈트를 입고 가야 몸에 잘 맞는 코트를 고를 수 있다.

코트 종류는 다음과 같다.

- 체스터필드 코트: 17세기 중엽 영국의 체스터필드 백작의 이름을 딴 것, 회색 헤링본(생선 뼈 무늬)이나 무늬 없는 검은색, 진한 청색, 베이지색이 정통이다. 슈트, 턱시도와 함께 입는다. 캐주얼한 차림에는 어울리지 않는다.<그림 1>

- 폴로 코트: 본래 스포츠 관전용이었으나 요즘은 정장용 코트로 슈트, 재킷 등 비즈니스웨어와 함께 입는다. 캐주얼웨어에는 어울리지 않는다.<그림 2>

- 발마칸 코트: 비즈니스웨어부터 캐주얼 차림까지 다양하게 입을 수 있다. 레인코트의 한 품목이었지만, 요즘은 방한용 오버 코트로도 활용된다. 누구에게나 편안하게 어울린다.<그림 3>

- 트렌치코트: 영국의 토머스 버버리가 개발한 방수천 '개버딘'을 이용한 레인코트이다. 세련되게 입기가 생각만큼 쉽지 않다. 몸집이 큰 사람에게 잘 어울린다.<그림 4>

- 더플코트: 북구 어부들의 옷에서 유래된 코트. 정장과 함께 입어도 독특한 멋이 나는 쓰임새 많은 옷이다. <그림 5>

–피코트: 어부의 상의에서 비롯됐다. 캐주얼한 옷과 함
께 입는다. 슈트나 재킷과는 어울리지 않는다.<그림 6>

〈그림 1〉
체스터필드 코트

〈그림 2〉
폴로 코트

〈그림 3〉
발마칸 코트

〈그림 4〉
트렌치코트

〈그림 5〉
더플코트

〈그림 6〉
피코트

출처: 패션과 이미지 메이킹, 권혜숙 · 황선진 저 수학사, 2004.

참고문헌

나는 스마일을 디자인하는 남자, 김석균 저, 석필, 2001.

남자옷 이야기 1, 타이콘 패션연구소 편저, 시공사, 2001.

이미지 메이킹, 김은영 저, 김영사, 1993.

이미지와 상징, 마르치아 엘리아데, 까치, 2007.

이미지 메이킹과 서비스 매너, 정미영·김상희·하성이·임은진 저, 청람, 2006.

이미지 메이킹과 셀프스타일링, 정영순 저, 예영커뮤니케이션서, 2007.

이미지파워, 브렌든 부르스 저, 김정탁 옮김, 커뮤니케이션북스, 1998.

이미지컨트롤, 윌리엄 페즐러 저, 하서, 1993.

왜 그녀는 다리를 꼬았을까/숨겨진 마음을 읽는 몸짓의 심리학, 토니야 레이맨 저, 21세기 북스, 2009.

정치인의 이미지 메이킹, 박양신 저, 새빛에듀넷, 2008.

패션과 이미지 메이킹, 권혜숙·황선진 저, 수학사, 2004.

패션용어사전, 라사라교육개발원, 2006.

성공의 법칙 이미지를 경영하라, 정연아, 넥서스, 2000, p.97.

▌약 력

중앙대학교 예술대학원 의상예술학과 석사
중앙대학교 일반대학원 의류학과 박사
EBS – Manager Society MBA 과정 수료
(주)태평양문화재단 학술지원연구원
중앙대학교 산학협력단 연구원
(주)모아방, (주)클라라윤, (주)엣떼스포츠, (주)감각, (주)리빙탑스 디자인실 근무
현) (주)서광기획 기획실 근무 중
　　　(사)한국색채교육원 색채심리마케팅 강사
　　　(사)아트센타 색채심리마케팅 강사
　　　중앙대학교 의류학과 강사
　　　한국의류학회 사무국장

▌주요 논문 및 저서

「20 – 30 여성의 자기감시에 대한 수입잡화 제품속성 · 추구혜택 및 구매행동에 관한 연구」(논문)
「라이프스타일에 따른 인테리어샵의 제품속성평가 및 서비스평가와 구매행동」(논문)
「TV홈쇼핑에서 경품 및 사은품 행사가 의류상품구매에 미치는 영향」(논문)
「남성의 외모관리에 영향을 미치는 심리적 변인」(논문)
「인구통계학적 변인에 따른 남성의 화장품과 헤어제품 구매실태분석」(논문)
『노년여성의 웰빙성향과 외모관심도가 화장품구매의도 및 충성도에 미치는 영향』(공저)
『중 · 노년여성의 화장품 구매행태분석』(공저)
『철도의 역사와 철도유통의 현황』(공저)
『수입잡화 구매행동』(단행본)
『사회비교이론에 따른 직장인의 외모관리와 패션상품구매』(단행본)

초판인쇄 | 2009년 9월 25일
초판발행 | 2009년 9월 25일

지은이 | 백인선
펴낸이 | 채종준
펴낸곳 | 한국학술정보㈜
주 소 | 경기도 파주시 교하읍 문발리 파주출판문화정보산업단지 513-5
전 화 | 031) 908-3181(대표)
팩 스 | 031) 908-3189
홈페이지 | http://www.kstudy.com
E-mail | 출판사업부 publish@kstudy.com
등 록 | 제일산-115호(2000. 6. 19)

ISBN 978-89-268-0425-4 13590 (Paper Book)
       978-89-268-0426-1 18590 (e-Book)

이담 Books 는 한국학술정보(주)의 지식실용서 브랜드입니다.